W0269841

Beschreibung und Betriebsvorschriften

für die

Dofa-Kabelwinde (80 PS)

der Luft-Fahrzeug-Gesellschaft m. b. H.

1917

Springer-Verlag Berlin Heidelberg GmbH 1917

ISBN 978-3-662-39109-9   ISBN 978-3-662-40092-0 (eBook)
DOI 10.1007/978-3-662-40092-0
Softcover reprint of the hardcover 1st edition 1917

Beschreibung der Dofa-Kabelwinde.

A. Allgemeines.

Die Winde ist der leichteren Fahrbarkeit wegen nach dem Doppel-
fahrzeugsystem gebaut, d. h. sowohl Motor wie Winde sind auf besonderen
Wagen montiert. Jeder Wagen wird mittels Protzkupplung an den
normalen Vorderwagen der üblichen Bauart angehängt.

Für den Ballonbetrieb werden die Fahrzeuge rückwärts gegeneinander
gefahren und durch Spannschienen fest miteinander verbunden, so daß ein
Fahren mit hochgelassenem Ballon nicht möglich ist. Die Vorderwagen
können im Betriebe abgekuppelt werden.

B. Der Vorderwagen.

Derselbe dient zur Aufnahme aller zur Winde gehörigen Geräte,
Werkzeuge, Ersatzteile und Betriebsmaterialien. Im Fußkasten sind links
und rechts die Sturm- und Sicherheitslampe in besonderem Kasten untergebracht, an der Decke hängt die Sichel. Dieser Raum dient außerdem
noch zur Aufnahme des Futtersackes. Der hintere Raum des Wagenkastens ist nochmals durch einen Zwischenboden unterteilt. Oben links
und unten rechts befinden sich zwei Schiebekasten zur Aufnahme der
Werkzeuge und Ersatzteile. Im oberen Raum rechts stehen 3 Reserve-
kanister für Brennstoffe à 20 l Inhalt, sowie je eine Kanne für Glyzerin
und Schmieröl. Ein großer Vorschlaghammer liegt im unteren Raume
links. An der Innenseite beider Verschlußtüren sind die meistgebrauchten
Handwerkzeuge gelagert. Der übrige Raum des Wagenkastens dient zur
Aufnahme der üblichen anderen Gerätschaften des Windentrupps. Auf
dem Fußkasten sind in besonderen Rasten die Lagerpfähle gelagert. Der
Vorderwagen ist ausgerüstet mit einer vom Mannschaftssitz aus zu be-
tätigenden Handspindelbremse, welche mittels Holzbremsklötzen auf beide
Räder wirkt. Der Protzhaken ist als federbelasteter Wälzhebel gebaut,
so daß schädliche Stöße vom Windenwagen beim Fahren zum größten
Teil von der Feder aufgenommen werden. Außen am Protzkasten sind
noch in bequem zugänglicher Weise die Schanzwerkzeuge aufgehängt.
Aufstellung über Werkzeuge, Ersatzteile und Schanzwerkzeuge siehe an-
hängende Liste über „Werkzeuge und Ersatzteile".

1*

C. Der Motorwagen. Abb. 1—2.

I. Das Fahrgestell.

Es besteht in der Hauptsache aus:

    einer Achse,
    zwei Rädern,
    zwei Federn,
    einem Rahmen mit Lafettenschwanz und
    zwei Radbremsen.

Die aus Stahl hergestellte Achse besteht aus der Mittelachse mit rechteckigem Querschnitt und den beiden Achsschenkeln mit rundem Querschnitt. Letztere sind an ihren Enden mit einem Loch versehen zur Aufnahme der Lünse, welche oben mit einem Auftritt versehen ist. Zwischen Radnabe und Lünse sitzt die Röhrscheibe und auf der anderen Seite der Nabe fest auf der Achse die Stoßscheibe. Die Lünse wird durch einen Vorstecker festgehalten.

Die Räder sind schwere Haubitzräder mit 1235 mm Durchmesser und 120 mm Reifenbreite. Das Rad besteht aus Nabe, Speichen, Felgen und Radreifen. In der Nabe befindet sich eine Büchse, welche auf der Achse läuft. Die Speichen sind durch Speichenschuhe mit der Felge verbunden.

Die Federn sind 1200 mm lang und bestehen aus 7 Lagen Federstahl. Sie sind mit der Achse durch zwei Federbriden, eine Achsplatte und eine Federplatte befestigt. Ein in Achse und Feder eingebohrter Stift verhindert ein seitliches Verschieben der Feder. Die Federn sind vorn mittels zwei Federschuhen, hinten mittels zwei Federhänden und Federlaschen mit dem Rahmen verbunden.

Der Rahmen hat eine rechteckige Form und ist aus [-Eisen NP 10 zusammengenietet. Innerhalb angenietete Quer- und Längsträger dienen zur Befestigung des Motors und Kegelrädervorgeleges. Vorn schließt sich der Lafettenschwanz an, der zur Verbindung des Hinterwagens mit dem Vorderwagen dient. Er trägt an seinem Ende die Protzkupplung und zwei Handgriffe zum Anfassen beim Auf- und Abprotzen. Unter dem Lafettenschwanz ist eine herunterklappbare Stütze angebracht, die während der Fahrt durch Riemen hochgeschnallt ist. Zu beiden Seiten des Lafettenschwanzes sind zwei herunterklappbare Tritte angeordnet, auf welche sich der Mann zum Andrehen des Motors stellen muß.

Die Bremse besteht aus einer gabelförmigen Bremsstange mit Spindel, Mutter und Kurbel, dem am Rahmen befestigten Spindellager, zwei Bremshebeln mit Bremsbalken und Klötzen und zwei Bremshebellagern, die fest am Rahmen sitzen.

II. Die Motorenanlage.

Sie besteht aus:

Motor mit Vergaser, Zündung und Schmiervorrichtung,
Kühler,
Auspufftopf,
Brennstoffbehälter,
Haube,
drei Andrehvorrichtungen,
Kupplung mit Betätigung,
Dynamomaschine und
Bedienungstafel.

Der Motor ist in drei Punkten gelagert und zwar vorn auf einem Querträger in einem Punkt und hinten auf zwei Längsträgern in zwei Punkten. Durch die Dreipunktlagerung werden die Verwindungen und Durchbiegungen des Rahmens nicht auf den Motor übertragen.

Die Leistung des Motors beträgt bei 1800 Umdrehungen 80 PS. Es ist ein Vierzylinder-Adlermotor neuester Konstruktion mit 120 mm Bohrung und 165 mm Hub. Die Abbildungen 5 und 6 veranschaulichen den Motor in seiner äußeren Form. Abbildung 7 zeigt die Seitenansicht des Zylinders 1 (die Zylinder werden laufend von der Schwungradseite aus numeriert), ferner den Schnitt durch die Ventilkammer des Zylinders 2 und einen Schnitt durch die Mitte der Zylinder 3 und 4.

Abbildung 8 zeigt die Ansicht des Motors von vorne gesehen.

Die in konstruktiver Hinsicht mustergültig durchgebildete Maschinenanlage der Adlermotoren ist mit der besonders vorteilhaften Doppelschlußventilsteuerung und Wälzhebelantrieb versehen (D.R.G.M.).

Die Anordnung der Doppelschlußventilsteuerung ist in Abbildung 9 dargestellt. Der über dem Nocken 3115 liegende Wälzhebel 3099 mit Rolle 3100 ist in seiner höchsten Stellung abgebildet. Der Stößel 3091 liegt dabei am äußeren linken Ende seiner Bodenfläche (Wälzbahn) auf dem Wälzhebel auf. Befände sich der Wälzhebel in seiner tiefsten Stellung, so würde das rechte Ende der Wälzbahn des Stößels 3091 aufliegen. Bei jeder Umdrehung des Nockens wälzt sich also der Wälzhebel von dem rechten Ende der Wälzbahn des Stößels nach dem linken und zurück, so daß der Wälzhebel mit einem ständig wechselnden Hebelarm angreift.

Zwischen Ventil und Stößel ist, um eine feine Einstellung vornehmen zu können, die verstellbare Schraube 3092 mit Gegenmutter 3093 eingeschaltet. Um für die Ventilfeder eine gute, sichere Unterlage zu schaffen, ist der ringförmige Federteller 3089 vorgesehen.

In den Zylindern werden durch die Kraft der explodierenden Gase die Kolben 3045 nach unten gedrückt und übertragen durch die Pleuelstangen ihre Bewegung auf die Kurbelwelle. Die Kolben sind mit je vier Kolbenringen ausgestattet, um einen dichten Abschluß der sich ausdehnenden Gase herbeizuführen.

Die Kurbelwelle ruht in vier Lagern mit erprobter Metallausfütterung. Die Lagerdeckel sind mittels durchgehender Schrauben am Gehäuseoberteil in der Nähe der Zylinderbefestigung aufgehängt, so daß der Explosionsdruck möglichst direkt und ohne wesentliche Beanspruchung des Gehäuses aufgenommen wird.

Als Antrieb für die Nockenwelle und den Magnet ist die geräuschlose Zahnkette gewählt, und zwar erfolgen beide Antriebe getrennt zwischen zwei kräftig durchgebildeten Lagern der Kurbelwelle.

Die Wasserpumpe ist direkt mit der Nockenwelle gekuppelt und befindet sich an der Kühlerseite des Motors (vgl. Abb. 5 links).

Um im Winter zur Verhütung des Einfrierens der Zylinder und des Kühlers das Wasser ablassen zu können, ist an der tiefsten Stelle der Wasserpumpe ein Hahn 3233 (Abb. 8) angebracht, desgleichen an der tiefsten Stelle der Leitung ein Hahn 3964 (Abb. 15).

Auf dem Umfange des Schwungrades sind Marken für die Kontrolle der Steuerung der Ventile und des Magnets eingeschlagen, damit bei späteren Demontagen die in der Fabrik als am günstigsten festgestellten Einstellungen der Ventile und des Magnets stets wieder zu finden sind. Es bedeutet:

HP   = höchster Punkt oder Totpunkt der Kolben,
SVHB = Saugventil — Hubbeginn,
SO   = Saugventil — Öffnungsmoment,
SS   = Saugventil — Schließmoment,
SVHS = Saugventil — Hubschluß,
AVHB = Auspuffventil — Hubbeginn,
AO   = Auspuffventil — Öffnungsmoment,
AS   = Auspuffventil — Schließmoment,
AVHS = Auspuffventil — Hubschluß.

Die beigeschlagenen Ziffern 1—4 beziehen sich auf die vier Zylinder und zwar in der Reihenfolge, daß Zylinder 1 auf der Schwungradseite liegt.

Vergaser. Abb. 10.

Die Adlermotoren werden mit Pallas-Vergasern ausgestattet, die in Abb. 10 veranschaulicht sind. Der Vergaser ist als Zentralvergaser ausgebildet, d. h. der ringförmige Schwimmer umschließt die Brennstoffdüse, was den Vorteil hat, daß bei Schiefstehen der Fahrzeuge keine Schwankungen in der Brennstoffzuführung hervorgerufen werden. Außer der eigentlichen Spritzdüse (siehe E der Abbildung) ist der Vergaser noch mit einer Leerlaufdüse N ausgestattet. Durch letztere wird im Leerlauf ein langsamer, ruhiger Gang des Motors erzielt. Die Zuführung der Luft erfolgt durch eine besondere Rohrleitung, die sich um das Auspuffrohr schließt, damit dem Vergaser ständig warme Luft zugeführt wird. (Siehe auch die der Winde mitgegebene Beschreibung über „Pallas-Vergaser".)

Zündung.

Der Magnetapparat wird mittels besonderer Kette unter Zwischenschaltung eines nachgiebigen Kardangelenkes und einer verstellbaren Kupplung angetrieben. Diese Kupplung besteht aus zwei mit eigenartig versetzten Löchern versehenen Scheiben, die durch zwei Schrauben unverrückbar verbunden werden. Diese Anordnung der Löcher gestattet eine außerordentlich kleine Verdrehung der Magnetkupplungswelle gegenüber der sie antreibenden Welle, was zur genauen Einstellung des Zündzeitpunktes notwendig ist.

Der Magnetapparat wird durch ein an seinem Fuße angreifendes Stahlband auf einer Konsole des Motorgehäuses gehalten und ist nach Lösen der oben auf dem Stahlband befindlichen Schraube bequem herauszunehmen.

Der Magnetapparat arbeitet bei richtiger Schmierung und Reinhaltung ohne Störung. Über seine Behandlung wird auf die mitgelieferte Beschreibung der Firma Robert Bosch, Stuttgart, verwiesen.

Schmierung des Motors. D.R.P.

Die bisher verwendete und bestens bewährte Umlaufschmierung mit der im Gehäuse liegenden Ölpumpe (siehe Abb. 11) ist beibehalten worden, jedoch ist zur Erhöhung der Betriebssicherheit eine Vereinfachung der Ölverteilung vorgenommen worden. Das von der Ölpumpe in den äußerlich nicht sichtbaren Ölkanal gedrückte Öl, das unter beträchtlichem Drucke steht, wird durch Kanäle und angeflanschte Zuleitungsrohre den Kurbelwellenlagern, Schraubenrädern und Kurbelzapfen in sicherer und ausreichender Weise zugeführt, so daß die einzelnen, einer Schmierung bedürftigen Stellen ständig einem starken Ölstrahl ausgesetzt sind. Der Fortfall fast aller Ölzuleitungsrohre mit den dazu nötigen, zahlreichen Verschraubungen und die Beseitigung der Gefahr des Undichtwerdens durch das Lockern oder Brechen der Rohre ist neben der Vereinfachung der maschinellen Anordnung als ein bedeutender Fortschritt in der Verbesserung des Automobilmotors zu verzeichnen. Da die Schmierung durch den Motor selbst erfolgt, so beschränkt sich die Wartung auf ein Minimum. Als ein besonderer Vorzug der Umlaufschmierung ist noch der geringe Ölverbrauch hervorzuheben.

Das Unterteil des Motorgehäuses ist lediglich als Ölsammler ausgebildet, aus dem die Ölpumpe das Öl entnimmt. Die Ölpumpe ist als doppelte Zahnradpumpe ausgebildet. Mit ihrem unteren Zahnradpaar pumpt sie die erforderliche Ölmenge in den Hauptölkanal, mit ihrem oberen Zahnradpaar drückt sie eine wesentlich kleinere Menge in den schon erwähnten Ölkontrollapparat. (Siehe Abb. 12.)

Diese Arbeitsteilung der Ölpumpe hat den Zweck, bei Ölmangel das Sinken des Ölstandes rechtzeitig im Schauglase des Ölkontrollapparates anzuzeigen. Der Ölstand für die Kontrollpumpe ist nämlich so hoch gehalten, daß nach Verschwinden des Öles im Schauglase der Motor noch einige Stunden seine richtige Ölmenge erhält, da der untere Teil der Ölpumpe noch genügend Öl schöpfen kann. Die Ölpumpe ist von einem Sieb umgeben, das etwaige Verunreinigungen zurückhält, so daß nur gereinigtes Öl in die Leitungen und in die Lagerstellen gelangt. Zur Reinigung kann das Sieb durch Abnahme des darunter befindlichen Gehäusedeckels nach Entfernung einer Feder, die das Sieb an das Pumpengehäuse preßt, herausgenommen werden.

Dem Ölkontrollapparat (Abb. 12) fließt durch das linke Rohr 3859 und durch die Querbohrung A das Öl von der Kontrollpumpe (Abb. 11) zu. Es tritt durch das Ölröhrchen 3856 in das Schauglas 3853 und läuft von dort durch die Bohrung D durch eine etwas weitere Rohrleitung 3861 nach dem Motor zurück. Das Schauglas 3853 wird durch die Überwurfmutter 3852 gehalten und durch zwei Dichtungen 3854 und 3855 abgedichtet. Das Schauglas kann zum Zwecke der Reinigung oder der neuen Abdichtung leicht abgenommen werden.

Der auf der Abbildung ersichtliche zweite Ölanschluß (bezeichnet mit Kardan) und der Pumpenkolben sind bei den Apparaten der Winde nicht vorhanden.

Kühlung.

Der Umlauf des Kühlwassers wird durch eine Zentrifugalpumpe (Abb. 13) bewirkt. Die Pumpenwelle 3222 trägt ein Flügelrad 3223, durch dessen Drehung die Strömung des Kühlwassers erzeugt wird. Zur Abdichtung der Welle dient eine Stopfbüchse 3225, 3226, die durch eine Überwurfmutter 3228 von außen bequem nachstellbar ist. Zur Sicherung der Überwurfmutter gegen selbsttätiges Lockern dient eine Feder 3229, die in Einschnitte der Überwurfmutter eingreift.

Die Wasserleitung ist reichlich bemessen und übersichtlich angeordnet. Die Anschlüsse sind durch starke Gummischläuche miteinander verbunden. An der tiefsten Stelle des Pumpengehäuses 3215 ist ein Ablaßhahn 3233 vorgesehen, durch den im Winter bei längerem Stillstand oder bei Außerdienststellung der Winde das Wasser aus den Wasserkammern und dem Kühler abgelassen werden kann.

Auf Abb. 14 ist der Wassereinfüllstutzen 3950 mit Deckel 3951 und Sieb 3952 dargestellt.

In dem Abflußstutzen 3955 (Abb. 15) am Kühler, an dem die Leitung vom Kühler zur Pumpe anschließt, ist ein Reinigungssieb 3958 eingebaut, das den Zweck hat, alle Verunreinigungen zurückzuhalten. Nach Lösung der Verschlußmuttern 3956 wird das Sieb 3958 herausgezogen und kann von den anhaftenden Schmutzteilen mit einer Bürste gereinigt werden.

Der Kühler vereinigt die Vorteile des Bienenkorbkühlers mit der Betriebssicherheit des Röhrenkühlers. Durch flache, vertikale Röhren

(Kühlscheiden) wird das zu kühlende Wasser in zahlreiche dünne Streifen zerlegt und bietet so der an der Breitseite der Röhren vorbeistreifenden Kühlluft eine große Ableitungsfläche für die Wärme. Die flachen Kühlscheiden werden durch horizontale dünne Bleche in gleichmäßigen Entfernungen voneinander gehalten, um überall gleich große Luftquerschnitte zu sichern. Gleichzeitig wird das ganze System durch diese horizontalen Querbleche außerordentlich versteift und schließlich auch gegen die schädlichen Folgen beim Anprallen von Fremdkörpern wirksam geschützt, da die über die Kanten der Wasserröhren vortretenden Querbleche zuerst von den Fremdkörpern getroffen werden, sich unter deren Anprall umbiegen und schützend gegen die gefährdeten Kühlscheiden legen. Diese stabile Bauart und die wenigen Lötstellen bieten einen sicheren Schutz vor Undichtwerden. In die Einfüllöffnung ist ein Gazesieb eingesetzt.

Die Luftkühlung wird unterstützt durch einen kräftigen vierflügeligen Ventilator 3208, der, wie aus Abbildung 16 ersichtlich ist, auf langem Gleitlager läuft und durch einen breiten Flachriemen angetrieben wird. Die Tragachse 3200 ist exzentrisch gelagert, damit durch Verdrehung eine Nachspannung des Riemens erfolgt, was nach Lösen des Flansches 3201 leicht zu bewerkstelligen ist.

Schalldämpfer.

Die Auspuffgase des Motors werden durch ein Rohr 1649 nach dem Hinterteil der Winde in den Schalldämpfer 1686 geführt (Abb. 1—2). Der Schalldämpfer (Abb. 17) erfüllt die Aufgabe, die Spannungen der verbrannten Gase durch wiederholten Querschnitt und Richtungswechsel bei ihrer Ausströmung erheblich herabzumindern, damit beim Entweichen Geräusch und Staubentwickelung möglichst vermieden werden. Die Abmessungen sind so gewählt, daß der Kraftverlust durch den Schalldämpfer nur sehr gering ist. Seine Wirkungsweise ist aus Abb. 17 ersichtlich. Die Auspuffgase treten durch das vom Motor kommende Rohr A ein und strömen zunächst durch die Löcher des Rohres 3883 in die Kammer D. Sie treten dann in der Richtung des Pfeiles durch die Löcher der Zwischenwand 3884 in die Kammer G; von hier aus führt sie das Auspuffrohr 3892 ins Freie.

An dem Schalldämpfer ist eine von der Bedienungsstelle aus zu betätigende Auspuffklappe 3896 angebracht worden, durch die die Auspuffgase durch das Rohr 3883 direkt in das Freie geführt werden. Die Auspuffklappe ist mittels des Klemmringes 3895 abnehmbar befestigt; sie wird durch Drehen des Hebels 3894 geöffnet. Das Schließen erfolgt durch die Wirkung der Spiralfeder 3897.

Der zur Kühlvorrichtung des Motors gehörige Kühler 1827 bildet die vordere Abschlußwand der Maschinenanlage. Nach hinten wird der Abschluß durch den Brennstoffbehälter gebildet. Zwischen beiden wird die ganze Motoranlage durch die Motorhaube 2131 abgedeckt und ist somit gegen Schmutz und unbefugten Eingriff geschützt. Die Haube ist an beiden Seiten aufzuklappen und vollständig abnehmbar. Verschlossen gehalten wird sie durch Haubenverschluß 578 und außerdem zwei Vorhängeschlösser. Durch Charnierstange 2132 wird eine starre Verbindung zwischen Kühler und Brennstoffbehälter hergestellt. Der Brennstoffbehälter hat einen Inhalt von ca. 125 Litern und ist oben mit einer Einfüllverschraubung versehen.

Andrehvorrichtung:

An Andrehvorrichtungen sind 3 Arten vorhanden:

1. eine Vorrichtung zum Ankurbeln des Motors von Hand vorn vor dem Kühler. (Abb. 18.)

Am vorderen Ende des Wagens ist die Vorrichtung zum Anwerfen des Motors angebracht. An dem Ende des zylindrischen Teils der Andrehkurbel 5935 K befindet sich ein Kopf 5253 V, der nach vorne und hinten gerichtete Klauen trägt. Mit den nach hinten gerichteten Klauen wird die Kurbel in entsprechende Klauen der Kurbelwelle 5253 U/1 des Motors entgegen der Spannung der Feder 6198 P eingedrückt und so die Drehbewegung der Andrehkurbel auf die Motorkurbelwelle übertragen. Nachdem der Motor angesprungen ist, löst sich die Andrehkurbel durch den Druck der Feder und durch die schräg angeschnittenen Rückflanken der Klauen von selbst aus. Durch diese Bewegung der Andrehkurbel nach vorn kommen die nach vorn gerichteten Klauen des Kopfes mit entsprechenden Nuten 5395 M der Lagerung in Eingriff, wodurch die Kurbel 5599 R in der gewünschten Stellung festgehalten wird.

2. Anlassen mittels Anlaßmagneten.
(Siehe die Broschüre von Bosch, Stuttgart.)
3. Anwerfvorrichtung mittels Elektromotor.
(Siehe die Broschüre von Eisemann, Stuttgart.)

Die automatische Kupplung zu dieser Anwerfvorrichtung sitzt zwischen Motor und Kegelradvorgelege, auf der Knüppelwelle des kleinen Kegelrades, der Elektromotor liegt parallel dazu unter dem Kegelradvorgelege. Der Schalter zum Anlassen des Elektromotors ist an der Bedienungstafel des Motors angebracht.

Die Motorkupplung ist als Lederkonus-Kupplung ausgebildet und aus Aluminium hergestellt, so daß ein geringes Schwunggewicht vorhanden ist. Um ein sanftes Anfahren mit der Kupplung zu erzielen, sind an 3 Stellen zwischen Leder und Kupplungskonus Blattfedern eingebaut. Beim Einrücken der Kupplung kommen die durch die Blattfedern herausgedrückten Stellen des Lederbelages zuerst mit dem äußeren Kupplungsringe in Berührung und führen dadurch ein allmähliches Anziehen der Kupplung herbei.

Der Kupplungshebel sitzt seitlich am Fahrzeugrahmen hinter dem Wagenrad und betätigt unmittelbar die Kupplungswelle mit der Kupplungsgabel. Der Kupplungskonus wird durch eine Spiralfeder bei eingeschalteter Kupplung ständig in den Konus des Motorschwungrades gepreßt und wird so die Drehkraft des Motors auf Konus und Kupplungswelle übertragen. Beim Auskuppeln muß der Handhebel 1607 nach unten gedrückt werden, bis die Sperrklinke 1609 in die am Segment 1610 befindliche Nute schnappt.

Die zur Erzeugung des Stromes dienende Dynamomaschine ist ein Fabrikat der Firma Eisemann, Stuttgart, und in beiliegender Broschüre beschrieben. Sie ist auf ein vorn am Motor befindliches Konsol aufgesetzt und wird mittels Keilgliederriemen von der Ventilatorwelle aus angetrieben. Die Maschine ladet automatisch die Akkumulatoren auf und schaltet den Strom bei gefüllten Akkumulatoren selbsttätig aus; Spannung 12 Volt, Leistung 200 Watt.

Die Bedienungstafel zur Motoranlage liegt unter der Motorhaube und ist nach Anheben dieser bequem zugänglich. Auf der Tafel sind angeordnet:

Der Vergaserhebel,
„ Zündungsregulierhebel,
„ Zündungsausschalter,
„ Druckknopf zum Einschalten des Anwerfmotors,
„ Anlaßmagnet,
„ Tourenzähler.

III. Das Kegelradvorgelege. Abb. 19.

Dieses dient dazu, das Motordrehmoment auf eine Querwelle zu übertragen, um von dieser aus mittels Ketten die Winde antreiben zu können. Gleichzeitig wird durch eine geeignete Übersetzung die Motortourenzahl herabgemindert zur Vermeidung einer zu hohen Kettengeschwindigkeit.

Das Getriebe besteht aus dem gußeisernen Gehäuse, welches durch angegossene Füße an den Fahrzeugrahmen angeschraubt ist. Die mit dem Kupplungs-Vierkantstück des Motors in Verbindung stehende Antriebswelle trägt an ihrem Ende im Getriebegehäuse ein Kegelrad mit 18 Zähnen, welches in das auf der Querwelle sitzende Kegelrad mit 72 Zähnen eingreift. Letzteres Rad setzt unter Vermittelung eines weiteren Kegelrades und einer Welle eine außerhalb des Rahmens liegende Riemenscheibe in Drehung, von welcher Kraft für beliebige Zwecke abgenommen werden kann. Innerhalb des Rahmens befindet sich auf dieser Welle noch die Antriebsscheibe für den Ventilator. Sämtliche Wellen laufen auf Kugellagern, welche durch das im Gehäuse herumspritzende Öl geschmiert werden; ein Heraustreten des Öles aus den Lagern verhindern Chromlederdichtungsringe. Zum Ablassen alten Öles dient die unten im Gehäuse befindliche Ablaßschraube, während Frischöl nach Abnehmen des oberen Deckels eingefüllt werden kann. Die Querwelle trägt zu beiden Seiten je ein Antriebskettenrad mit 13 Zähnen.

IV. Der Ventilator.

Dieser ist als Zentrifugal-Niederdruck-Ventilator mit zweiseitigem Lufteintritt ausgeführt und leistet bei 1400 Motortouren 50 cbm/min. bei 5 mm W.S. Gegendruck. Sein Antrieb erfolgt mittels Riemen von einer Riemenscheibe des Kegelradgetriebes aus. Der Riemen ist bei Nichtbenutzung abzunehmen. Der Ventilator ist so eingebaut, daß die Ausblastülle auf der linken Seite des Wagens liegt, damit der Motorbedienungsmann durch den Luftschlauch nicht behindert wird. Zum Betriebe des Ventilators ist die mitgelieferte Tülle an die Ausblasöffnung anzuschrauben, der Riemen aufzulegen und der Motor einzukuppeln.

V. Die Akkumulatoren.

Diese sind in einem allseitig geschlossenen Holzkasten auf der Bedienungsseite neben dem Kegelradvorgelege oberhalb des Wagenrahmens aufgestellt. Der Holzkasten ist mit abnehmbarem Deckel versehen und wird mit 2 Riemen auf besonderem Fundament angeschnallt. Die Steckkontakte, sowie zur Lichtanlage gehörige Instrumente sind auf einer Holztafel am Brennstoffbehälter untergebracht.

Zum Abdecken des Motorwagens wird ein Deckplan mitgeliefert, der bei Nichtgebrauch oder auf dem Marsch übergezogen werden muß, um ein Verstauben zu verhüten.

VI. Fahrzeug-Verbindung in Betriebsstellung.

Motorwagen und Windenwagen werden mit den Rückseiten gegeneinander geschoben und mittels zwei kräftigen U-Profilen und Steckbolzen an den Längsträgern miteinander fest verschraubt. Die Verbindungsträger sind am Motorwagen in Scharnieren gelagert und werden während des Marsches umgeklappt.

D. Der Windenwagen. Abb. 3—4.

I. Das Fahrgestell.

Die Bauart des Fahrgestells ist genau die gleiche, wie die für den Motorwagen. Den einzigen Unterschied bilden die Federn, welche entsprechend dem größeren Gewicht des Fahrzeugs stärker gehalten sind, und der Rahmen selbst, in welchem die Längs- und Querträger anders angeordnet sind. Der Lafettenschwanz hat keine Klapptritte.

II. Die Windenanlage.

a) Seiltrommel mit Lagerung.

Die Trommel besteht aus dem aus Stahlblech geschweißten Trommelmantel, den aus Stahlguß hergestellten Stirnwänden, dem Zahnkranz und der Trommelwelle aus Stahl mit den Lagern. Die Lagergehäuse sind mit den Rahmenlängsträgern verschraubt. Als Lager dienen Kugellager mit balligem Außenring, die sich bei etwaigen Verwindungen des Rahmens einstellen und daher nicht zu Klemmungen Veranlassung geben können. Auf die Trommel können bequem 2000 m 9 mm-Kabel aufgewickelt werden. Die Befestigung erfolgt im Innern des Trommelmantels an der Stirnwand mittels Kauschenbolzen.

Nach außen wird das Kabel durch einen im Trommelmantel befindlichen Schlitz geführt.

An der der Bedienungsseite zugekehrten Trommelstirnwand ist der Antriebszahnkranz angeschraubt, welcher innen als Bremszylinder für die Trommelbremse ausgebildet ist.

Die beiden Trommellager werden mittels Staufferbüchsen geschmiert.

b) Trommelbremse.

Diese ist ausgebildet als Innenbackenbremse und kräftig genug, um die Trommel bei ca. 3200 kg Seilzug im Stillstand zu halten. Zwei Schleifbacken aus Stahlguß mit Grauguß-Bremsbelag sind an einem gemeinschaftlichen, im Trommellagerbock festgeschraubten Bolzen drehbar gelagert und werden durch Verdrehung eines Bremsschlüssels gegen die Bremstrommel gepreßt. Die Betätigung des Schlüssels erfolgt mittels Spindel und Handkurbel, welche auf der Bedienungsseite angebracht ist. Die Spindel ist selbsthemmend, so daß ein unfreiwilliges Lösen der Bremse ausgeschlossen ist.

c) Windenböcke und Traversen.

Die Windenböcke mit den Traversen sind die eigentlichen Träger der Kabelführung. Die beiden Böcke sind aus Stahlguß hergestellt und setzen sich hinter den Trommellagern auf die Längsträger des Rahmens auf. Die Traversen sind oben in den Böcken fest eingespannt durch kräftige Muttern. Zwischen den Traversen, in den Windenböcken drehbar gelagert, liegt die Transportspindel für die Kabelführung. An dem Windenbock für die Bedienungsseite sind angebracht: das Wendegetriebe, die Universal-Umsteuerung, das Lager für das Ritzel, Lager für Zwischenrad, Handrad mit Kettenspannvorrichtung, Kupplungshebel für Handradbetätigung und Schaltstange für Getriebe.

Der Windenbock der entgegengesetzten Seite trägt nur die Glyzerinbremse und Glyzerinbehälter.

Die Traversen sind aus Stahl von 70—80 kg mm² Festigkeit hergestellt und so stark gehalten, daß ein schädliches Durchbiegen selbst beim größten Kabelzug nicht eintritt.

d) Kabelführung. Abb. 23.

Die Kabelführung besteht aus dem Gleitstuhl und den daran angebrachten Rollengehäusen. Von diesen ist das obere, welches eine große und eine kleine Bronzerolle trägt, um eine horizontale, quer zu den Traversen stehende Achse drehbar, während das untere, seitlich angeordnete Rollengehäuse mit einer Broncerolle um eine Achse parallel zu den Traversen drehbar ist. Die Drehbarkeit des oberen Gehäuses ermöglicht dessen Einstellung für jede beliebige Kabellaufrichtung. Die Schwenkbarkeit des seitlichen Rollengehäuses wird benötigt für den Antrieb des Seilzugmessers, der weiter unten beschrieben ist. Der Traversengleitstuhl aus Stahlguß ist mit zwei Bronzebüchsen ausgefüttert. Ein Tropföler führt durch eine Leitung den Führungsmuffen des Gleitstuhles und der Gewindebüchse ständig Schmieröl zu. Die Gewindebüchse, die fest in der Mitte des Gleitstuhles sitzt, dient in Verbindung mit der durch sie hindurchgehenden Spindel zum Fortbewegen des Gleitstuhles. Das obere und seitliche Rollengehäuse ist aus Stahlguß angefertigt und für das Einbringen der Rollen zweiteilig hergestellt. Die Rollen laufen alle auf Kugellagern; zur Schonung des Kabels wurde Bronze als Rollenmaterial verwendet. Den Ausgleich des Übergewichtes bei seitlicher Drehung des oberen Rollengehäuses bewirkt eine Spiralfeder. Zum Feststellen des Gehäuses ist ein Klinkenhebel vorgesehen, der bei senkrechter Stellung des Gehäuses eingeklinkt werden muß. Die Schmierung der Kabelrollenlager erfolgt seitlich an den Gehäusen durch mit Federdeckel verschlossene Schmierlöcher, in welche von Zeit zu Zeit etwas Öl hineingespritzt werden muß. An allen andern Lagern sind gleichfalls Schmierlöcher vorhanden. An der hinteren Muffe des Gleitstückes befindet sich oben und unten je ein Anschlag, der in den Endstellungen der Kabelführung die Umsteuerstange der Universal-Umsteuerung betätigt.

e) Seilzugmesser.

Das untere, seitliche Rollengehäuse drückt mittels einer Schneide gegen den einen Arm eines am Traversengleitstuhl drehbar gelagerten Winkelhebels; der andere Doppelarm des Winkelhebels wirkt auf eine starke Feder, welche je nach dem Kabelzug mehr oder weniger zusammengepreßt wird. Die hierbei auftretende Drehung des Rollengehäuses wird durch eine kleine Schubstange unter Zwischenschaltung eines Zahnsegments und eines kleinen Zahnrades auf einen Zeiger übertragen, der über einem nach den Kabelzügen geeichten Zifferblatt spielt. Schubstange und Zahnsegment haben Einstellvorrichtung zur Korrektur des Kabelzuges. Alle Teile der Anzeigevorrichtung sind in einem Gehäuse eingekapselt. Das Zifferblatt steht quer zu dem Bedienungsmann und ist daher leicht abzulesen.

f) Meterzähler und Geschwindigkeitsmesser.

Zur ständigen Kontrolle der Seilgeschwindigkeit und der abgewickelten Seillänge ist an das Gehäuse der unteren seitlichen Rolle ein Meterzählwerk kombiniert mit Geschwindigkeitsanzeige-Vorrichtung angebracht. Der Antrieb des Instrumentes erfolgt durch Zahnkranz und Ritzel, von der sich drehenden Seilrolle aus. Der Meterzähler ist vierstellig und zählt beim Hochlassen des Ballons vorwärts und beim Einholen rückwärts. Um die Ziffern auf Null zu stellen, steckt man den Schlüssel in die Öffnung der freien Stirnwand des Zählers und dreht ihn langsam im Sinne des aufgeschlagenen Pfeiles, bis alle Nullen voll erscheinen. Die Nullstellung kann jederzeit ausgeführt werden. Die Geschwindigkeit wird von einem über dem Zifferblatt spielenden Zeiger angegeben. Das Zifferblatt ist von Null bis 8 m/sek. in Abständen von $^1/_2$ zu $^1/_2$ m/sek. geeicht. Es steht quer zum Beobachter und gestattet so ein gutes Ablesen. Die Schmierung des Instrumentes erfolgt mittels Staufferfett.

g) Wechselgetriebe mit Getriebebremse. Abb. 20.

Das Wechselgetriebe dient dazu, die dem jeweiligen Kabelzug entsprechende Übersetzung zum Motor herstellen zu können, was durch entsprechendes Ineinanderschieben von Zahnrädern geschieht. Das Getriebe ist für 3 Übersetzungsänderungen eingerichtet, welche an der Schaltstange mit „langsam", „mittel" und „schnell" bezeichnet sind, und zwar zieht der Motor bei 1800 Umdrehungen den Ballon bei Stellung

„langsam" mit 2800 kg und 1,5 m/sek. Geschwindigkeit,
„mittel"　　„　1650 „　„ 2,55　„　　　　„
„schnell"　　„　　670 „　„ 6,27　„　　　　„

im Mittel ein. Die Einholkräfte steigern sich noch, wenn man den Motor mit 1300 bis 1400 Umdrehungen laufen läßt, bei ganz geöffnetem Vergaser.

Das Getriebe besteht aus dem äußeren, gußeisernen Gehäuse und zwei parallelen Wellen mit Zahnrädern. Das Gehäuse ist fest mit dem Fahrzeugrahmen verschraubt und trägt an der der Trommel zugekehrten Seite noch ein Lager für die Zwischenradwelle. Die nach der Trommel hin liegende Welle des Getriebes, die Trommelantriebswelle, trägt im Innern des Getriebegehäuses drei fest aufgekeilte Zahnräder mit 33, 27 und 22 Zähnen, außen auf der Bedienungsseite das Ritzel für den Trommelantrieb und ein Klinkensperrad und auf der entgegengesetzten Seite die Kupplung für die Glyzerinbremse. Die andere Welle, die sogen. Schaltwelle, trägt im Innern das Schaltrad und ein lose auf Bronzebüchse mitlaufendes Stirnrad; außen trägt diese Welle die beiden Antriebskettenräder und die Bremstrommel für die Getriebebremse. Das Schaltrad kann durch eine Stange unter Vermittelung einer das Rad umfassenden Gabel auf der Schaltwelle verschoben werden und so einmal mit den zwei festen Rädern der Antriebswelle und ein andermal mit dem losen Rad der Schaltwelle in Eingriff gebracht werden. In den Zwischenstellungen steht das Schaltrad mit keinem anderen Rad in Eingriff, daher findet keine Kraftübertragung von der Schaltwelle auf die Antriebswelle statt. Die auf das Schaltrad wirkende Stange setzt sich nach außen in die sogen. Schaltstange fort, welche in den Windenböcken gelagert ist. Sie trägt an ihrem Ende einen drehbaren Handgriff; durch Drehen dieses Griffes gibt eine Rast die Stange frei, die nun ihrerseits in die entsprechende Schaltstellung geschoben wird. Eine abermalige Drehung des Handgriffes sichert die Stange wieder gegen Verschieben.

Alle Wellen laufen auf Kugellagern; Durchdringungen der Wellen im Gehäuse sind durch Lederdichtungsringe staub- und öldicht verschlossen. Sämtliche Zahnräder sind aus hochwertigem Siemens-Martinstahl hergestellt. Durch einen oben im Gehäuse befindlichen Deckel kann Fett und Öl eingebracht werden, während das alte Öl durch Entfernen der unten liegenden Ablaßschraube herausgelassen werden kann.

Die auf die Schaltwelle wirkende Bremse ist als Innenbackenbremse ausgebildet; sie besteht aus der fest auf der Schaltwelle sitzenden Bremsscheibe und den Bremsbacken. Letztere sind aus Stahlguß hergestellt und haben einen Graugußbremsbelag. Sie legen sich auf einer Seite gegen einen am Getriebegehäuse fest gelagerten Bolzen durch die Spannung der angreifenden Federn, während sie sich auf der anderen Seite gegen einen ovalen Schlüsselbolzen legen, der seinerseits am Gehäuse drehbar gelagert ist und durch einen aufgekeilten Hebel mit dem Bremsgestänge in Verbindung steht. Durch Drehung des Schlüssels werden die Bremsbacken auseinander gesperrt und pressen sich am ganzen Umfang gegen die Bremstrommel.

h) Das Klinkengesperre.

Es besteht in der Hauptsache aus dem Sperrad, der Sperrklinke und der Schleppfeder und liegt außerhalb des Windenbockes auf der Bedienungsseite. Die ausbalanzierte Sperrklinke sitzt auf einem im Windenbock gelagerten Bolzen und ist fest verbunden mit einer gegen das Sperrad schleifenden Flachfeder. Diese schaltet die Klinke je nach Drehrichtung selbsttätig aus oder ein. Beim Hochlassen des Ballons wird die Klinke von Hand mittels eines drehbaren Exzenters ausgeschaltet.

i) Glyzerinbremse.

Mit ihrer Hilfe läßt sich die Steiggeschwindigkeit des Ballons zwischen 0 und 6 m/sek. in beliebiger Weise regulieren. Ihre Wirkung beruht darauf, daß durch die Drehung zweier, in einem Gehäuse eingekapselter Zahnräder Glyzerin oder Öl durch ein Rohr im Kreislauf hindurchgedrückt wird. Sperrt man das Rohr nun mehr oder weniger ab, so wird den Rädern ein entsprechend größerer oder geringerer Widerstand entgegengesetzt, was andererseits wieder die Drehgeschwindigkeit der Räder beeinflußt. Die das Glyzerin pressenden Räder werden durch die Trommelantriebswelle unter Zwischenschaltung einer ausrückbaren Klauenkupplung in Drehung gesetzt. In die Rohrleitung ist ein Absperrventil eingebaut, dessen Spindel mit einem Handrad mit Skala versehen ist. Die Glyzerinleitung steht mit einem hochgelegenen Vorratsbehälter in Verbindung, dessen Inhalt zum Ausgleich etwa verloren gehenden Glyzerins dient oder eine Ausdehnung des erhitzten Glyzerins zuläßt, ohne Gefährdung der Rohrleitung.

k) Wendegetriebe. Abb. 21.

Das Wendegetriebe hat die Drehrichtung der Transportspindel zur Kabelführung umzukehren, damit letztere die erforderliche hin- und hergehende Bewegung zum Aufspulen des Kabels erhält. Es ist in einem Graugußgetriebekasten eingebaut, der innen gegen den Windenbock der Bedienungsseite befestigt ist. Im Innern des Kastens befinden sich zwei gleichgroße Kegelräder, welche mit einem kleinen Kegelrad im Eingriff stehen. Zwischen den Kegelrädern auf der durchgehenden Welle sitzen aufgekeilt zwei Kupplungsflansche, auf deren Nabe eine Schaltklaue verschiebbar angebracht ist. Das eine der großen Kegelräder ist fest mit einem außerhalb des Getriebekastens befindlichen Kettenrad verbunden, welches durch eine Kette von der Zwischenradwelle aus angetrieben wird. Hierdurch werden sämtliche Räder des Getriebes bei Drehung der Trommel in Bewegung gesetzt. Da die beiden großen Kegelräder entgegengesetzte Drehrichtung haben, so ist es ersichtlich, daß beim Heranschieben der Schaltklaue in das eine oder andere Rad auch die Welle und die durch sie mittels Kette angetriebene Spindel entgegengesetzte Drehrichtung annehmen muß. Das Kettenrad auf der Wendegetriebewelle ist auswechselbar je nach der Stärke des zur Verwendung gelangenden Kabels und zwar gehört zu einem Kabel von

7,0 mm Durchmesser das Kettenrad mit 14 Zähnen,
7,5 mm   „   „   „   „ 15   „
8,0 mm   „   „   „   „ 16   „
8,5 mm   „   „   „   „ 17   „
9,0 mm   „   „   „   „ 18   „

Die Schaltklaue wird durch Drehen der oben auf dem Kasten liegenden Welle unter Vermittelung eines Gabelhebels im Innern verschoben. Das Drehen der Welle wird durch die Universalumsteuerung besorgt, die weiter unten beschrieben ist. Zum Auswechseln der Wechselkettenräder muß die Übertragungskette zur Spindel entspannt werden; zu diesem Zweck ist der das Handrad tragende Bolzen zu lösen, so daß sich Handrad mit Kettenrad in der Führung am Windenbock verschieben lassen. Nach erfolgter Auswechselung ist die Kette zu spannen und der Bolzen wieder festzuziehen.

Um die Kabelführung auch von Hand bewegen zu können, ist das Wechselkettenrad durch einen Hebel ausrückbar eingerichtet. Hierbei kann das Handrad und damit die Spindel in beliebiger Richtung gedreht werden.

l) Die Universalumsteuerung.   Abb. 22.

Diese dient dazu, die Schaltklaue des Wendegetriebes, sobald die Kabelführung ihre jeweiligen Endlagen erreicht hat, umzuschalten. Während alle bisherigen Umsteuerungen stets einen Mann zur Bedienung erforderten, da sie entweder nur ausschalteten, nicht aber wieder einschalteten, oder wenn sie letzteres doch taten, einen Mann zum Umschalten von Einholen auf Steigen des Ballons oder umgekehrt nötig hatten, so arbeitet die hier zur Anwendung kommende Umschaltung durchaus selbsttätig. Die Arbeitsweise des Apparates ist folgende:

Die unter der einen Führungstraverse liegende Schubstange erhält, so oft die Kabelführung eine ihrer Endlagen erreicht hat, eine Bewegung nach der Bedienungsseite hin, einmal unmittelbar durch den unteren Anschlag der Kabelführungsmuffe, ein andermal durch Vermittelung eines doppelarmigen Hebels durch den oberen Anschlag. Diese Bewegung der Schubstange wird durch ein Zahnrad auf einen Freilauf übertragen, der nur nach einer Drehrichtung Kraft übertragen kann, nach der anderen aber leer läuft. Durch die drehende Bewegung des Freilaufs wird ein in einem drehbaren Gehäuse befindliches Federpaar zusammengepreßt. Das Gehäuse kann sich nicht drehen, da ein eingeklinkter Riegel es vorläufig daran hindert. Bei weiterer Drehung zieht sich nun der Riegel langsam aus seiner Rast heraus, indem gleichzeitig die Federn noch mehr zusammengepreßt werden. In dem Augenblick, in welchem der Riegel die Rast ganz verlassen hat, ist das Federgehäuse frei beweglich und wird nun durch die gespannten Federn in plötzliche Drehbewegung gebracht und dreht sich so weit, bis der Riegel in die nächste Rast einschnappt, wo sich bei einem abermaligen Schub der Stange das Spiel wiederholt. Das sich drehende Federgehäuse ist vorn als Kurvenscheibe ausgebildet, in deren Kurve der Schalthebel vom Wendegetriebe eingreift. Die Kurve ist nun so gefräst, daß bei jeder Drehung der Kurvenscheibe von einer Riegelstellung zur anderen der Schalthebel einmal umgelegt wird, ganz gleichgültig, in welcher Lage er sich von einer früheren Umschaltung her befindet. Sollte der Apparat außer Betrieb sein, so kann man durch Aufstecken eines mitgegebenen Handhebels auf die Welle am Wendegetriebe die Schaltung wie bisher von Hand bedienen. Alle Teile des Umschaltapparates sind in einem Gehäuse aus Stahlguß eingekapselt, welches am Windenbock angeschraubt ist. Die rotierenden Teile laufen auf Kugellagern. Die Schmierung des Apparates erfolgt durch Ölbad.

m) Handantrieb.

Bei gänzlichem Versagen des Motors kann die Winde an vier Handkurbeln mit 16 Mann von Hand bedient werden. Zu diesem Zwecke werden auf zwei vorn und hinten quer über den Rahmen gelagerten Wellen der Winde beigegebene Handkurbeln auf Vierkant aufgesteckt. Ein Abgleiten der Handkurbeln wird durch Nasenfedern verhindert. Die Handkurbelwellen sind untereinander durch außerhalb des Rahmens liegende Rollenketten verbunden. Auf der hinteren Welle ist noch ein verschiebbares Kettenrad angebracht. Von diesem wird die Kraft durch Auflegen einer Rollenkette auf das Antriebskettenrad des Wechselgetriebes übertragen. Durch Einschaltung des Wechselgetriebes ist es somit möglich, daß auch bei Handbetrieb der Winde mit drei verschiedenen Geschwindigkeiten dem jeweiligen Seilzug entsprechend gearbeitet werden kann.

Bei Zugrundelegung einer Kurbelgeschwindigkeit von 0,9 m/sek. und 25 kg Kurbeldruck pro Mann werden folgende Werte erreicht:

Wechselgetriebeschaltung auf:

„langsam" Ballonzug = 2720 kg, Einholgeschwindigkeit = 0,106 m/sek.
„mittel"   „   = 1580 „   „   = 0,182   „
„schnell"   „   = 640 „   „   = 0,450   „

Bei Gebrauch des Handantriebes müssen die Übertragungsketten zwischen Motor und Windenwagen abgenommen sein. Sämtliche Bremsen wirken in derselben Weise, wie beim Motorantrieb.

Bedienungsvorschriften zur Dofa-Kabelwinde 1917.

A. Vor dem Aufstieg.

1. Aufstellung der Fahrzeuge:
    Beide Hinterwagen rückwärts gegeneinander fahren, ausrichten und durch Anschrauben der Spannschienen fest verbinden.
    Rahmenstützen herunterklappen und festsetzen.
    Antriebsketten auflegen.
2. Motor mit Brennstoff, Öl und Kühlwasser versehen.
3. Motor anlassen.
    a) Elektrisch, mittels Anwerfmotor, Brennstoffhahn und Vergaser öffnen, Magnetapparat auf Spätzündung stellen, Wechselgetriebe auf Leerlauf stellen, Motorkupplung einrücken.
        Hierauf Knopf am Motorbedienungsbrett drücken und der Motor läuft an.
    b) Mittels Anlaßmagnet: Motor wird mit der Andrehkurbel einigemal durchgedreht bei ausgeschalteter Zündung und Kupplung. Dann Zündung wieder einschalten, auf Spätzündung stellen und Kurbel des Anlaßmagneten drehen.
    c) Von Hand: Motor durchdrehen bei eingeschalteter Zündung, aber ausgeschalteter Kupplung bis zum Anlaufen. Spätzündung einstellen! Zur Unterstützung des leichten Anlaufens kann vorher Benzin- oder Petroläther durch die Kompressionshähne in den Zylinder eingespritzt werden.
4. Nach dem Anlaufen des Motors: Auskuppeln.
    Sobald das Kühlwasser heiß ist, Motor wieder anhalten durch Ausschalten der Zündung. Schalter an der Bedienungstafel.

B. Ballonaufstieg.

1. Feststellvorrichtung der Kabelführung lösen.
2. Glyzerinbremse einschalten.
3. Sperrklinke ausheben.
4. Kupplungshebel für Handradbetätigung einkuppeln.
5. Seilzählwerk auf Null stellen.

6. Kabel mit Ballon verbinden und Ballon hochlassen, dabei Glyzerinbremsventil so weit zudrehen, daß die Steiggeschwindigkeit nicht über 6 m kommt.
7. Beim Erreichen der verlangten Höhe mittels Trommelbremse anhalten und dann erst Sperrklinke einlegen. Danach Trommelbremse wieder lösen.

C. Balloneinholen mit Motor.

1. Motor anlassen, s. unter A.
2. Alle Bremsen lösen, Glyzerinbremse auskuppeln. Klinke einlegen.
3. Die Schaltstange des Wechselgetriebes ist in die dem Kabelzug entsprechende Stellung zu bringen und zwar bis zu

$$\begin{array}{llll} 700 \text{ kg Kabelzug in Stellung } & \text{„schnell“,} \\ 1700 \text{ „} & \text{„} & \text{„} & \text{„} & \text{„mittel“,} \\ \text{und darüber} & \text{„} & \text{„} & \text{„langsam“.} \end{array}$$

4. Langsam einkuppeln unter gleichzeitigem Öffnen des Vergasers. Hat die Kupplung gefaßt, dann durch weiteres Öffnen des Vergasers den Motor auf die gewünschte Tourenzahl bringen. Nicht über 1800 Touren!

    Bei zu schnellem Einkuppeln bleibt der Motor stehen, daher Vorsicht!!
5. Beim Übergang auf eine andere Einholgeschwindigkeit Motor auskuppeln. Beim Stillstand der Trommel schalten, dann Motor langsam wieder einkuppeln.
6. Zum Drehen des Handrades von Hand ist der unter dem Handrad am Wendegetriebe befindliche Hebel auszuschalten. Nach vollendeter Drehung Hebel wieder einschalten!

D. Balloneinholen von Hand.

Für Handantrieb der Winde:

    Antriebsketten abnehmen,
    Handkurbeln aufsetzen,
    Handantriebskette auflegen.

E. Hilfsmaschinen.

1. Die Dynamomaschine wird ständig angetrieben und ladet die Akkumulatoren selbsttätig auf. Die Riemenspannung ist von Zeit zu Zeit zu kontrollieren.
2. Zum Antriebe des Ventilators Riemen auflegen, Ventilatortülle mit Schlauch anschrauben, Getriebe auf Leerlauf schalten oder Antriebsketten ganz herunternehmen. Motor einkuppeln.

Motorstörungen und deren Abhilfe.

Störung:	Ursache:	Abhilfe:
Der Vergaser tropft.	a) Unreinigkeiten zwischen der Nadel und ihrem Sitz.	a) Es empfiehlt sich, zwischen dem Benzinbehälter und dem Vergaser an der tiefsten Stelle der Leitung einen besonderen Filter einzubauen und Benzinleitung und Vergaser sorgfältig zu reinigen. Insbesondere ist der Schwimmer und die Nadel zu demontieren und der Sitz zu reinigen, wobei zu beachten ist, daß diese Teile nicht beschädigt werden und der Schwimmer nach wieder erfolgter Montage leicht beweglich bleibt und durch sein Eigengewicht fällt.
	b) Der Schwimmer ersäuft infolge Undichtigkeit.	b) Man verdampfe das eingedrungene Benzin durch Eintauchen des Schwimmers in heißes Wasser. Die undichte Stelle, von der Blasen aufsteigen, verlöte man vorsichtig.
	c) Die Verschraubung am Vergaser oder der Sitz der Düse ist undicht.	c) Man ziehe die Mutter bzw. die Spritzdüse an, eventuell erneuere man die Dichtungsscheiben.
Der Motor springt nicht an.	a) Ausbleiben der Zündung.	a) Man sehe nach, ob die Zündung richtig eingeschaltet ist, löse die Zündkerzenkabel und überzeuge sich, ob beim Drehen des Motors zündfähige Funken überspringen.
	b) Kein Benzin im Vergaser.	b) Man erkennt dies daran, daß beim wiederholten Drücken auf den Schwimmertupfer der Vergaser nicht überläuft. Es befindet sich demnach kein Benzin im Schwimmergehäuse. Falls Benzin im Behälter und der Benzinhahn offen ist, kann nur die Leitung oder der Vergaserzufluß verstopft sein.
	c) Drosselklappe zu weit geöffnet, die Anlaßvorrichtung kann daher nicht in Tätigkeit treten.	c) Man schließe die Drosselklappe so weit, daß beim Andrehen des Motors ein durch das Ansaugen des Benzins hervorgerufenes Schlürfen hörbar wird. Dieses Ansauggeräusch ist ein Zeichen, daß die Klappe sich in der richtigen Stellung befindet.

Störung:	Ursache:	Abhilfe:
	d) In warmem Zustande: Drosselklappe manchmal zu wenig geöffnet.	d) Drosselklappe etwas weiter öffnen, da im warmen Zustande das Anspringen dann besser erfolgt als im kalten.
	e) Der Vergaser „ersäuft“.	e) Der Vergaser tropft äußerlich und der Motor springt mit wenig Gas nicht an, da das Gemisch zu reich an Benzin ist. Man versuche, den Motor mit geöffneter Drosselklappe in Betrieb zu bringen. Geht dies nicht, so öffne man die Kompressionshähne und drehe den Motor einige Male durch. Der Motor wird alsdann, wenn das Überlaufen des Vergasers behoben ist, anspringen.
Der Motor springt zwar an, bleibt aber nach einigen Umdrehungen stehen.	a) Drosselklappe zu wenig geöffnet.	a) Man öffne die Klappe vor dem Andrehen etwas mehr.
	b) Wasser im Vergaser.	b) Das Wasser ist durch Ablassen am Wasserabscheider zu entfernen.
	c) Schmutz im Vergaser.	c) Die Düsen sind zu reinigen.
Der Motor läuft einige Minuten ordnungsmäßig leer und bleibt dann ohne sichtbaren Grund stehen.	Bei sehr kalter Witterung bildet sich Eis an der Drosselklappe, das den Durchgang verstopft.	Man öffne den Gaszulaß etwas mehr, sobald der Motor läuft. Der Vergaser erwärmt sich und das Eis verschwindet.
Der kalte Motor läuft regelmäßig langsam, der warme galoppiert oder hinkt, die Abgase riechen stark.	Zuviel Benzin, die Leerlaufdüse ist zu groß.	Man setze eine kleinere Leerlaufdüse ein.
Der Motor geht im Leerlauf unregelmäßig, erreicht keine niederen Tourenzahlen u. bleibt beim Abdrosseln leicht stehen.	Undichte Saugleitung oder Kondensation von Benzin an scharfen Ecken und Krümmungen derselben.	Man dichte die Saugleitungen, erneuere die Packungen, sehe nach, ob die Flanschen alle gerade sind und auf ihrer ganzen Oberfläche aufliegen. Man überzeuge sich, ob die Ventilführungen kein Spiel aufweisen und Luft zwischen Ventil und Stößel vorhanden ist. Man beseitige scharfe Ecken und Krümmungen in der Saugleitung.
Im warmen Zustande läuft der Motor ordnungsmäßig leer, kalt bleibt er beim Androsseln leicht stehen.	Geringer Mangel an Benzin: die Leerlaufdüse ist zu klein.	Man setze eine größere Leerlaufdüse ein.

Störung:	Ursache:	Abhilfe:
Der Motor setzt aus.	a) Die **Zündkerzen** sind nicht in Ordnung.	a) Zündkerzen reinigen und unbrauchbare ersetzen.
	b) **Zündungskabel** ist herausgefallen oder lose.	b) Kabel befestigen.
	c) **Magnet** ist verölt.	c) Vorsichtig das Öl abwischen.
Der Motor knallt nach dem Andrehen.	a) Zu kaltes Gemisch.	a) Man läßt den Motor einige Minuten warm laufen.
	b) Benzinzufuhr mangelhaft.	b) Benzinhahn öffnen, eventuell Düsen reinigen.
	c) Wasserhaltiges Benzin.	c) Benzin durch ein Leder filtrieren.
Der Motor knallt auch nach längerer Fahrtdauer.	a) Mangelnde Vorwärmung oder zu armes Gemisch.	a) Bessere Vorwärmung oder größere Benzindüse.
	b) Ein Ventil steckt sich.	b) Ventil ölen, besser noch es herausnehmen und reinigen und ölen.
Der Motor gibt nicht seine volle Geschwindigkeit her.	a) Zu armes Gemisch.	a) Man setze eine kleinere Korrekturdüse ein.
	b) Zu reiches Gemisch.	b) Man setze eine größere Korrekturdüse ein.
	c) Ventile schließen nicht dicht.	c) Ventileinstellung am Stößel prüfen, eventuell Ventile einschleifen.
Der Motor zieht träge an.	Gemisch zu reich.	Man setze eine kleinere Benzindüse ein.
Der Motor klopft.	a) Zuviel Vorzündung.	a) Man reguliere die Vorzündung.
	b) Der Motor ist schlecht gekühlt, mangelhafte Wasserzirkulation, Selbstzündung.	b) Man sehe den Kühler nach, reinige das Sieb des Wassersackes und fülle Wasser auf.
	c) Kolben und Zylinder verschmutzt durch Ölkohle.	c) Man reinige den Kolbenboden, das Innere des Zylinders und die Ventilkammern, sowie die Ventilkegel gründlich.
	d) Undichtigkeit an einer Kerze.	d) Man wechsle die Kerzen aus.
Der Motor erhitzt sich stark, der Kühler kocht.	a) Zu wenig Vorzündung.	a) Man reguliere die Zündung derart, daß der Magnetapparat bei Kolbentotpunktlage auf Spätzündung steht.
	b) Ventilatorriemen nicht angespannt. Ungenügende Geschwindigkeit des Ventilators.	b) Man kürze den Ventilatorriemen und vergrößere gegebenenfalls die Übersetzung.
	c) Zu reiches Gasgemisch.	c) Man reduziere die Benzindüse, bis die Leistung des Motors anfängt abzunehmen.

Störung:	Ursache:	Abhilfe:
Der Benzinverbrauch ist übermäßig groß.	a) Motor in Unordnung.	a) **Man** schleife die Ventile ein, erneuere bei mangelnder Kompression die Kolbenringe, reguliere die Zündung und kontrolliere die Schmierung.
	b) **Zu große Benzindüse oder zu kleine Korrekturdüse, eventuell Leerlaufdüse zu groß.**	b) **Man** verringere die Benzindüse, bis der Vergaser beim plötzlichen Öffnen der Drosselklappe selbst in warmem Zustande knallt. Man vergrößere die Korrekturdüse, soweit die Maximalleistung des Motors dies zuläßt, und wähle die Leerlaufdüse so klein wie möglich.
	c) Anwärmung zu stark, das Gemisch wird bei heißem Vergaser zu reich.	c) **Man** öffne den Luftregulierschieber an und achte darauf, daß der Vergaser sich auch nach längerem Laufen nicht heiß anfühlt.
	d) Benzinverlust.	d) **Man** prüfe die Dichtungen der Benzinleitungen und des Vergasers.
	e) Sieb im Steigrohr durch Staub verstopft.	e) **Das** Sieb mittels Benzin reinigen.

Störungen an der Winde und deren Abhilfe.

Störung:	Ursache:	Abhilfe:
Glyzerinbremse wirkt nicht mehr.	a) Mangel an Glyzerin im Vorratsbehälter.	a) Glyzerin in den Vorratsbehälter nachfüllen und Ursache des Glyzerinverlustes feststellen. Stopfbüchsenmutter an der Glyzerinbremse fester anziehen oder Packung erneuern. Nachsehen, ob alle Rohranschlüsse dicht sind und das Rohr nicht beschädigt ist.
	b) Verstopfung der Saugleitung durch Putzwolle u. dgl.	b) Saugleitung reinigen.
	c) Undichtheit in der Druckleitung oder im Ventil.	c) Undichtheiten durch Nachziehen der Rohrverschraubungen beseitigen.
Das Kabel wird ungleichmäßig aufgewickelt.	a) Die Ungleichheit des Kabels durch die Kabelschlösser.	a) Auskuppelung des Spindelantriebes durch den unter dem Handrad befindlichen Hebel und Drehen des Handrades. Darauf Hebel wieder einschalten.
	b) Es ist ein nicht der Kabelstärke entsprechendes Wechselkettenrad eingesetzt worden.	b) Wechselkettenrad gegen das der Kabelstärke entsprechende austauschen.
Die Bremsen wirken nicht mehr.	Die Bremsbeläge sind zu weit abgenutzt.	Bremsbeläge erneuern lassen.

ZUBEHÖR, WERKZEUGE
UND
ERSATZTEILE
ZUR
DOFA-KABELWINDE

Achtung!

Für Nachbestellungen von Ersatzteilen ist Angabe von Type und Fabriknummer erforderlich, welche auf dem links am Wagenrahmen befestigten Firmenschild ersichtlich ist.

Zubehör, Werkzeuge und Ersatzteile

zur

Dofa-Kabelwinde.

1. 1 Ventilfederheber	35. 1 Steckschlüssel 26 mm S.W.
2. 1 Düsennadel	36. 1 „ 27 „ „
3. 1 Reserveschwimmer	37. 2 Knebel für Steckschlüssel
4. 1 Rolle Isolierband	38. 1 Hakenschlüssel Pos. W. 625
5. 2 Büchsen Schmirgelpulver	39. 1 „ „ 626
6. 1 Brennstoffdüse	40. 1 „ „ 627
7. 1 Korrekturdüse	41. 1 „ „ 628
8. 4 Kolbenringe	42. 1 „ „ 629
9. 2 Ventilkegel	43. 1 „ „ 630
10. 2 Ventilfedern	44. 1 „ „ 636
11. 1 Antriebsriemen für Ventilator	45 1 „ „ 2440
12. 1 Ölschauglas	46. 1 „ „ 2441
13. 1 Schlüssel für Magnetapparat	47. 1 „ „ 2442
14. 1 „ „ Schaltapparat	48. 1 „ „ 2443
15. 1 „ „ Ventilverschrau-	49. 1 „ „ 2444
bung	50. 1 „ „ 2445
16. 1 Patentschraubenschlüssel	51. 1 Spezialschlüssel „ 621
17. 1 Schlüssel für Pallasvergaser	52. 1 „ „ 622
18. 1 Mutterschlüssel 6/8 mm S.W.	53. 1 verstellbarer Schlüssel Pos. W.
19. 1 „ 8/10 „ „	633—35
20. 1 „ 8/11 „ „	54. 1 Schlüssel für Meterzähler
21. 1 „ 10/12 „ „	55. 1 „ „ Schaltapparat
22. 1 „ 14/16 „ „	56. 1 Kettenrad z. Wendegetriebe mit
23. 1 „ 14/17 „ „	14 Zähnen, Teilung 22,2 mm
24. 1 „ 19/22 „ „	57. 1 Kettenrad z. Wendegetriebe mit
25. 1 „ 23/28 „ „	15 Zähnen, Teilung 22.2 mm
26. 1 „ 26/30 „ „	58. 1 Kettenrad z. Wendegetriebe mit
27. 1 „ 28/32 „ „	16 Zähnen, Teilung 22,2 mm
28. 1 „ 34/38 „ „	59. 1 Kettenrad z. Wendegetriebe mit
29. 1 „ 35/42 „ „	17 Zähnen, Teilung 22,2 mm
30. 1 „ 42/55 „ „	60. 1 Kettenrad z. Wendegetriebe mit
31. 1 „ 46 „ „	18 Zähnen, Teilung 22,2 mm
32. 1 „ 100 „ „	61. 1 Kette z. Wendegetriebe, 62 Glie-
33. 1 Steckschlüssel 11/16 „ „	der, Teilung 22,2 mm
34. 1 „ 19/22 „ „	

Für Nachbestellung von Ersatzteilen ist Angabe von Type und Fabriknummer erforderlich, welche auf dem links am Wagenrahmen befestigten
Firmenschild ersichtlich ist.

62. je 1 Kettenglied, gekröpft und gerade, Teilung 22,2 mm
63. je 1 Kettenglied, gekröpft und gerade, Teilung 38,1 mm
64. 1 Reinigungsbürste
65. 2 Vorhängeschlösser
66. 1 Schraubenzieher
67. 1 Kombinationszange
68. je 1 Flachmeißel 5″ und 8″
69. je 1 Durchschlag 7, 5,5 und 3,5 mm
70. 1 Hammer mit Stiel
71. 1 Pfriemen
72. 1 Drahtzange
73. 1 Flachzange
74. 1 Beißzange
75. 1 Halbrundfeile 8″ mit Heft
76. je 1 Dreikantfeile 8″ und 6″ mit Heft
77. 1 Flachfeile 10″ mit Heft
78. je 1 Rundfeile 8″, 6″ und 4″ mit Heft
79. je 1 Handbohrer 9, 7, 5 mm
80. 1 Messer
81. 1 Fuchsschwanzsäge
82. 1 Grassichel
83. 1 Vorschlaghammer mit Stiel
84. 4 Verankerungsseile mit Kauschen und Bügelschaken
85. 1 Spritzkanne
86. 1 Ölkanne mit Pumpe
87. 1 Einfülltrichter
88. 2 Staufferbüchsen Nr. 2 „Atlas"
89. 3   „   „ 3   „
90. 2   „   „ 4   „

91. 1 Büchse kons. Fett
92. 1   „ Ersatz-Dichtungsmaterial
93. 2 elektrische Handlampen mit Kabel und Stecker
94. 2 Ersatzbirnen 50 K.
95. 2 Ersatz-Sicherungen
96. 1 Handlaterne für Talglicht
97. 3 Benzin-Kanister à 20 Liter
98. 2 Ölvorratskannen à 2,5 „
99. 4 Beile
100. 4 Spaten
101. 2 Kreuzhacken
102. 2 Äxte
103. 10 Lagerpfähle
104. 4 Vorderbracken
105. 6 Ortscheite
106. 2 Eimer mit Deckel
107. 2 Futtersäcke
108. 2 Pläne für Winde und Motorwagen
109. 4 Handantriebskurbeln
110. 4 Verankerungspfähle
111. diverse Schrauben, Muttern, Scheiben, Nieten, Splinte, Bindedraht

1 Beschreibung für den Motor
1   „   „ die Winde
1   „   „ d. Magnetapparat und Anlaßmagnet
1   „   „ den Vergaser
1   „   „ d. Anwerfmaschine
1   „   „ die Dynamomaschine

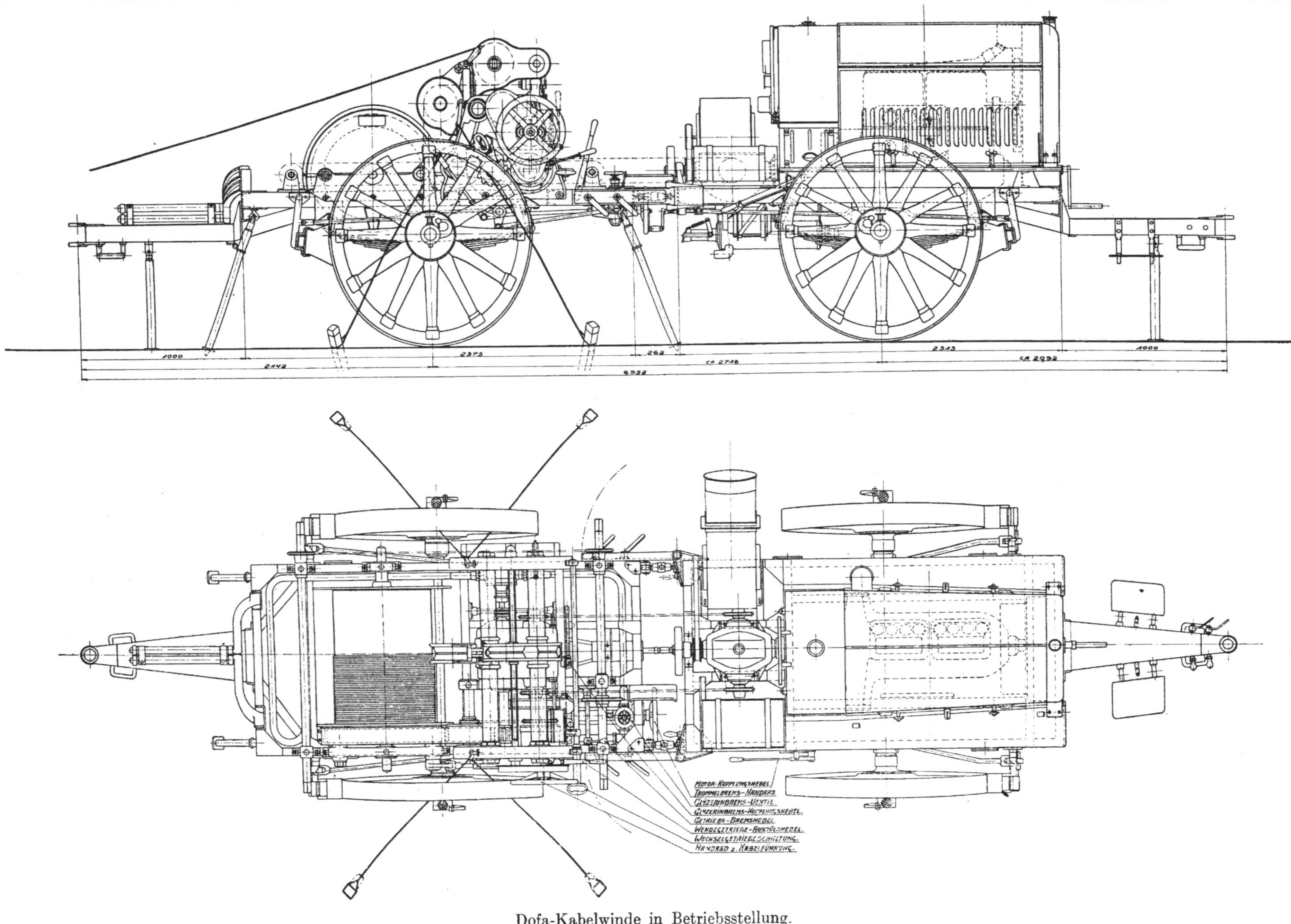

Dofa-Kabelwinde in Betriebsstellung.

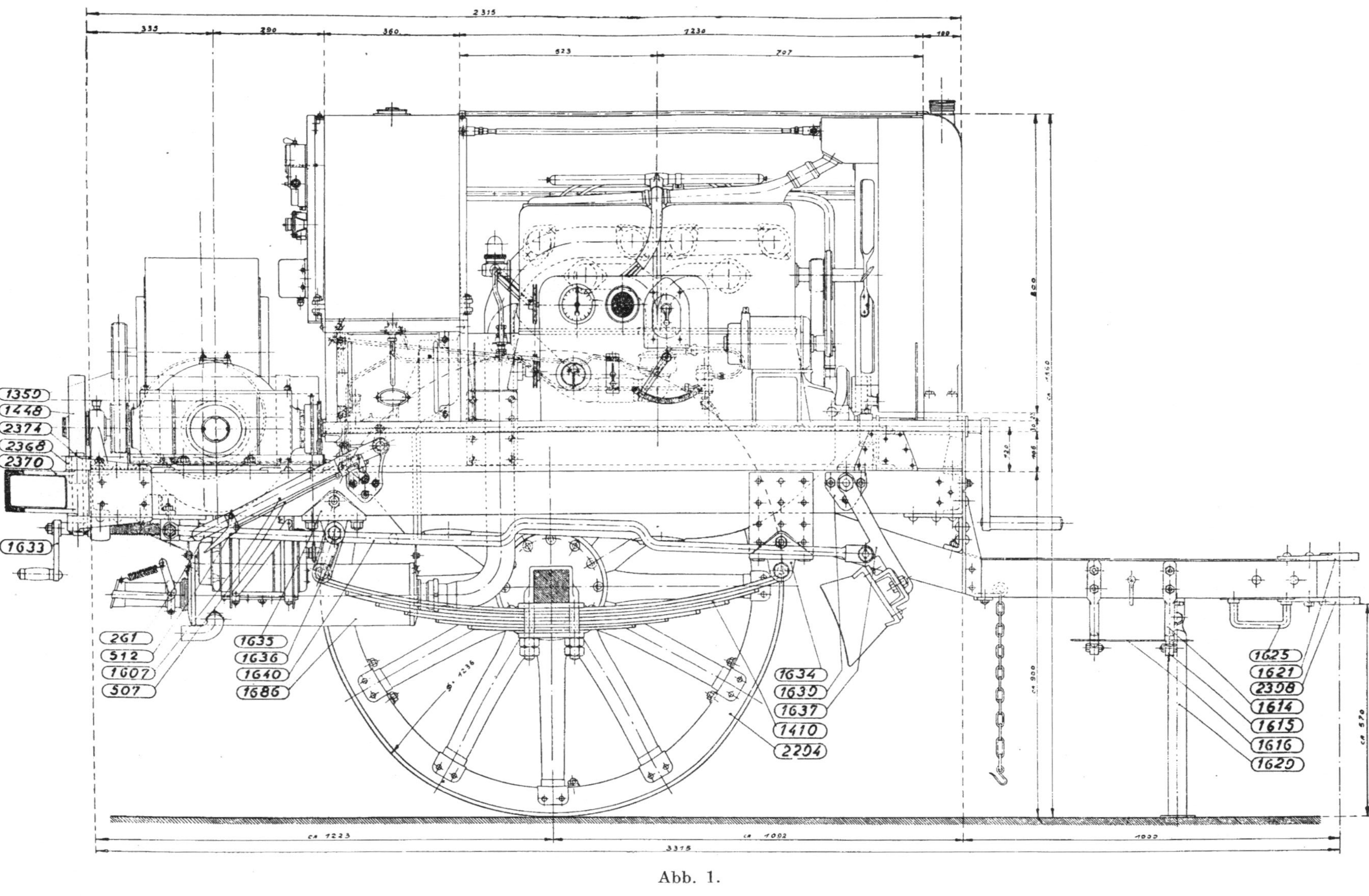

Abb. 1.

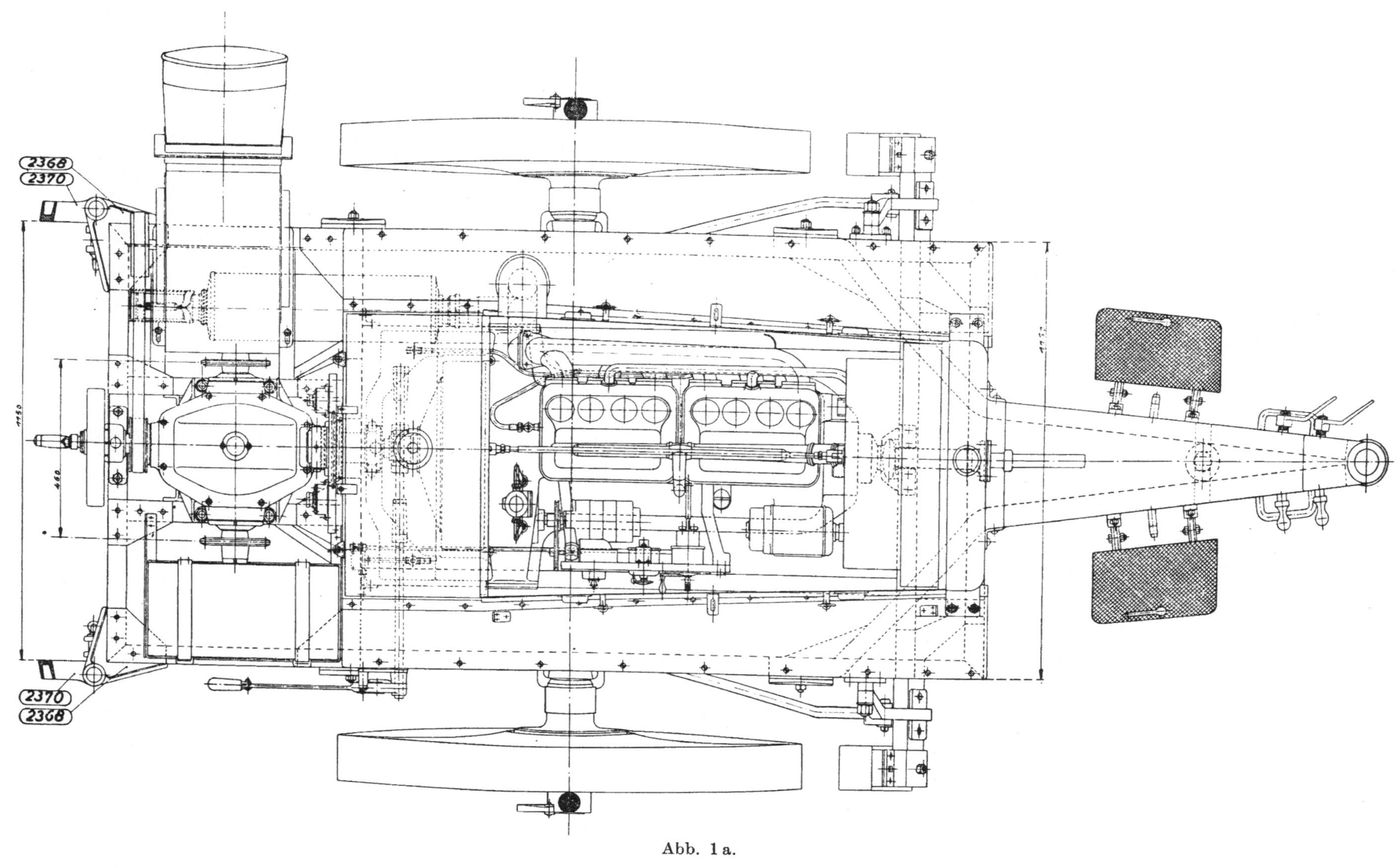

Abb. 1a.

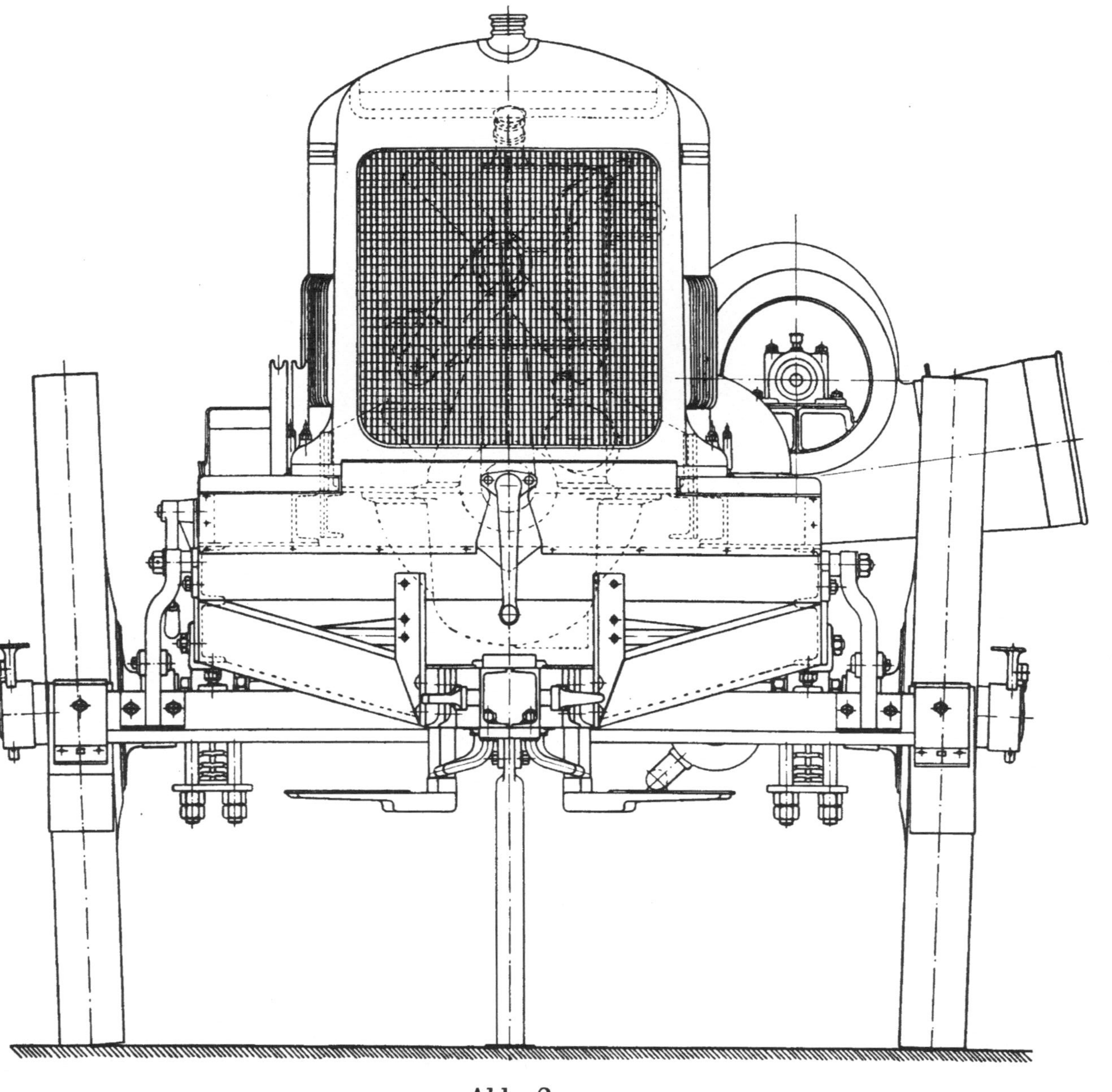

Abb. 2.

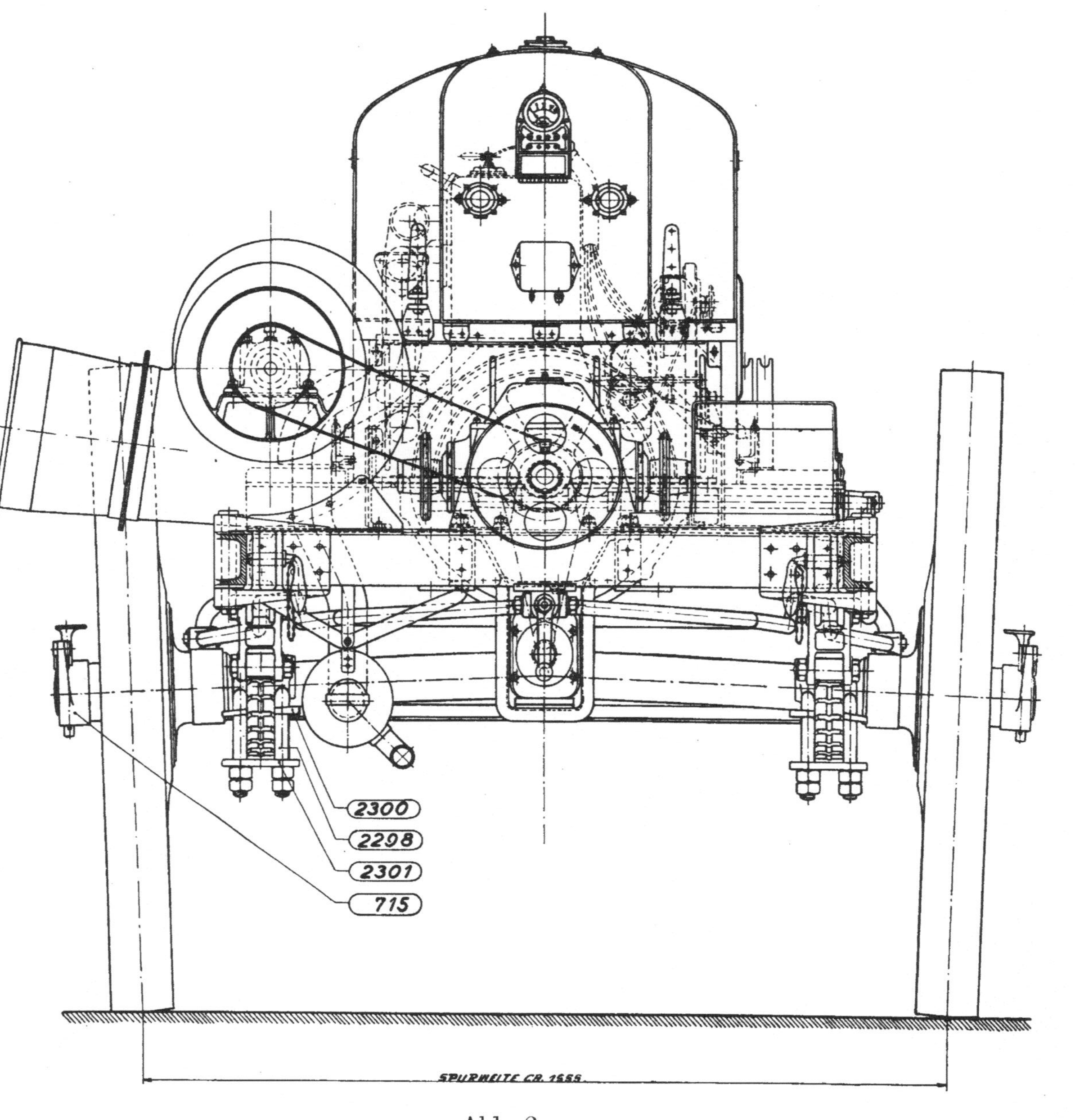

Abb. 2a.

534 1520 1533 1522 1840
1028 1842 1749 2173 2152
1850 1635 1636 1846 1852 1411 2294
2309 2308 1848 1844 1605
1639 1638 1719 1634 1605
1625 1621 2398 1629

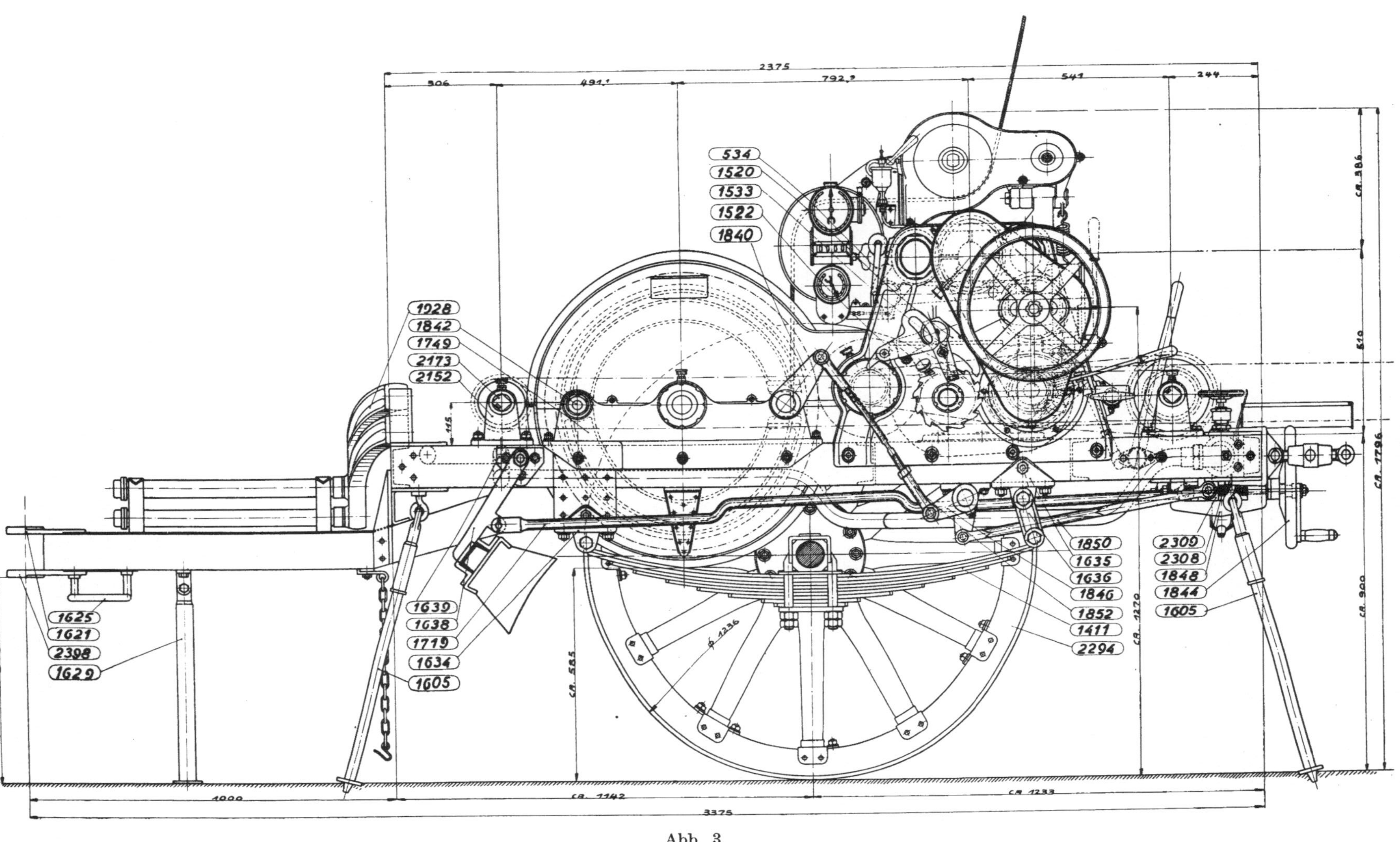

Abb. 3.

600 ø
800
1150
440
2386
2215
2208
2379
2377
2378
2376
2372
2369
2375
2172

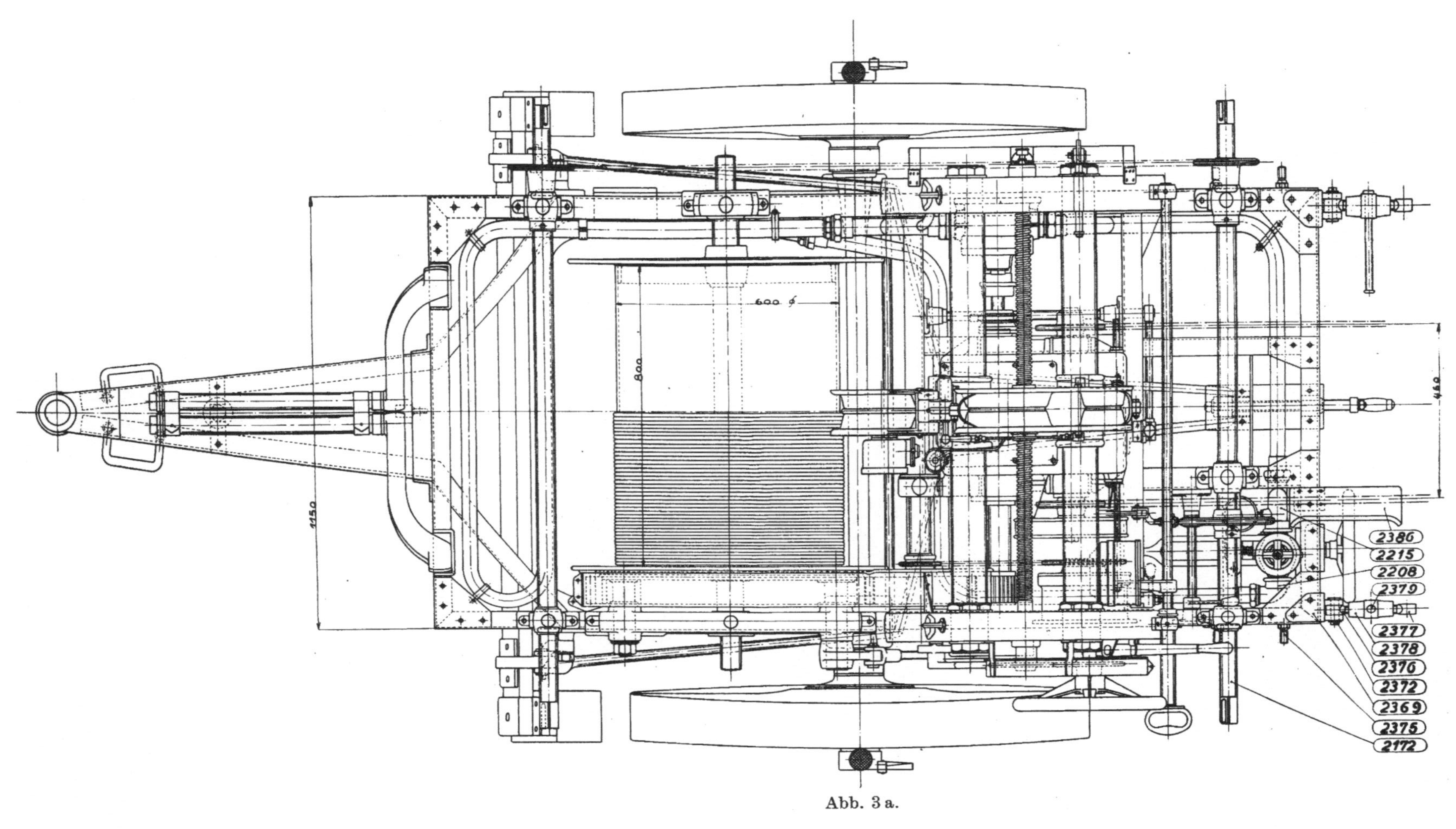

Abb. 3 a.

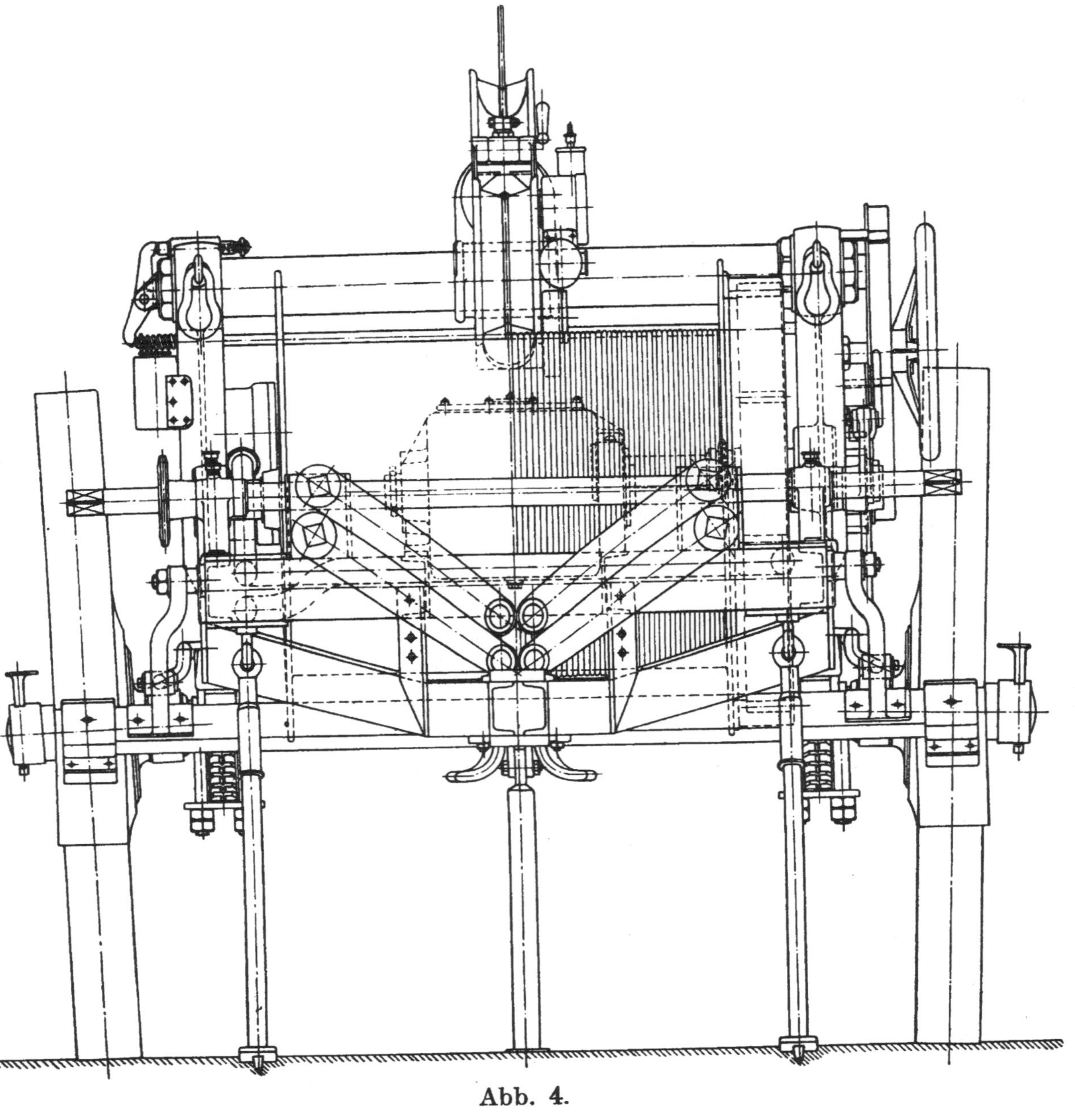

Abb. 4.

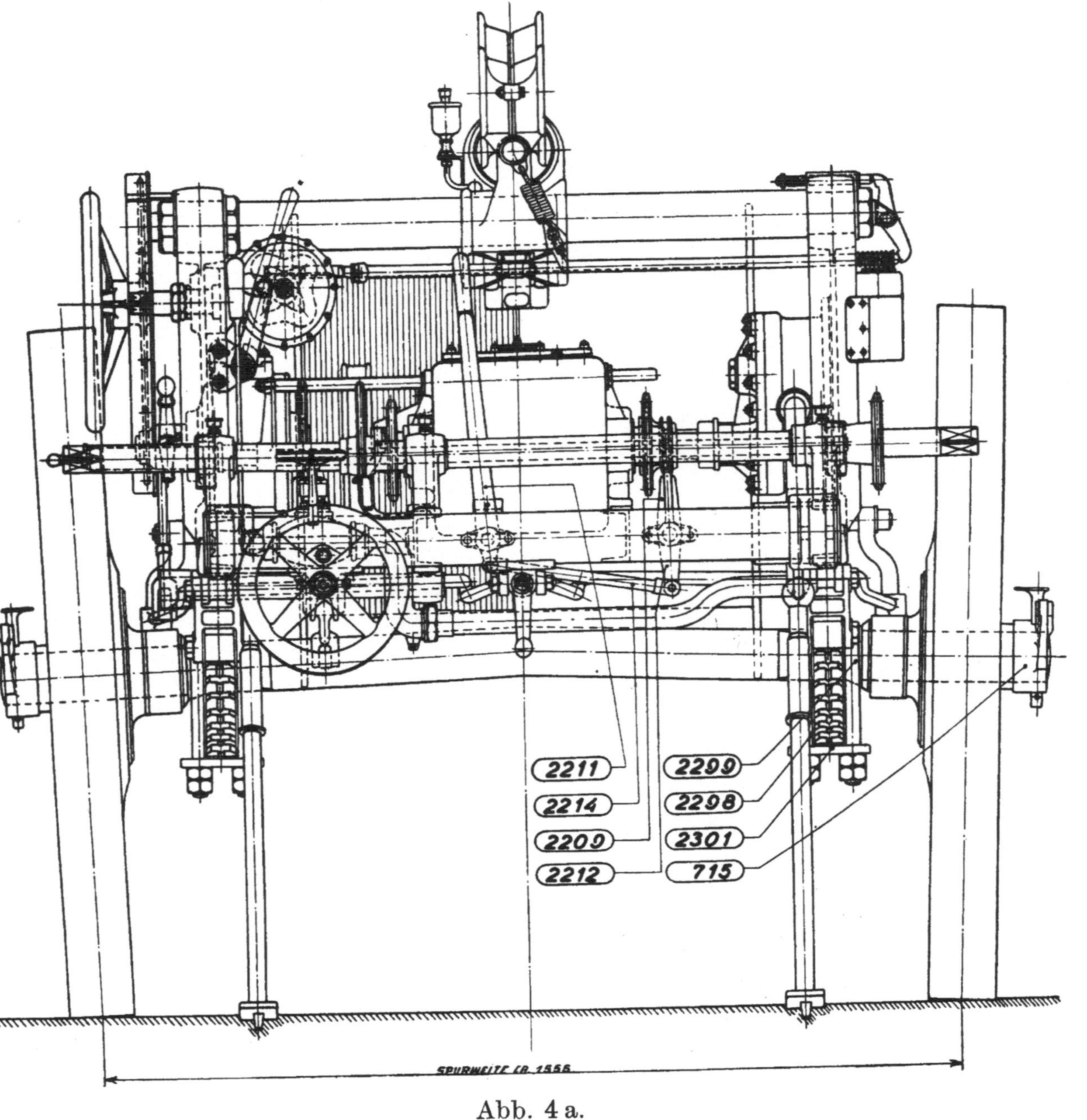

Abb. 4 a.

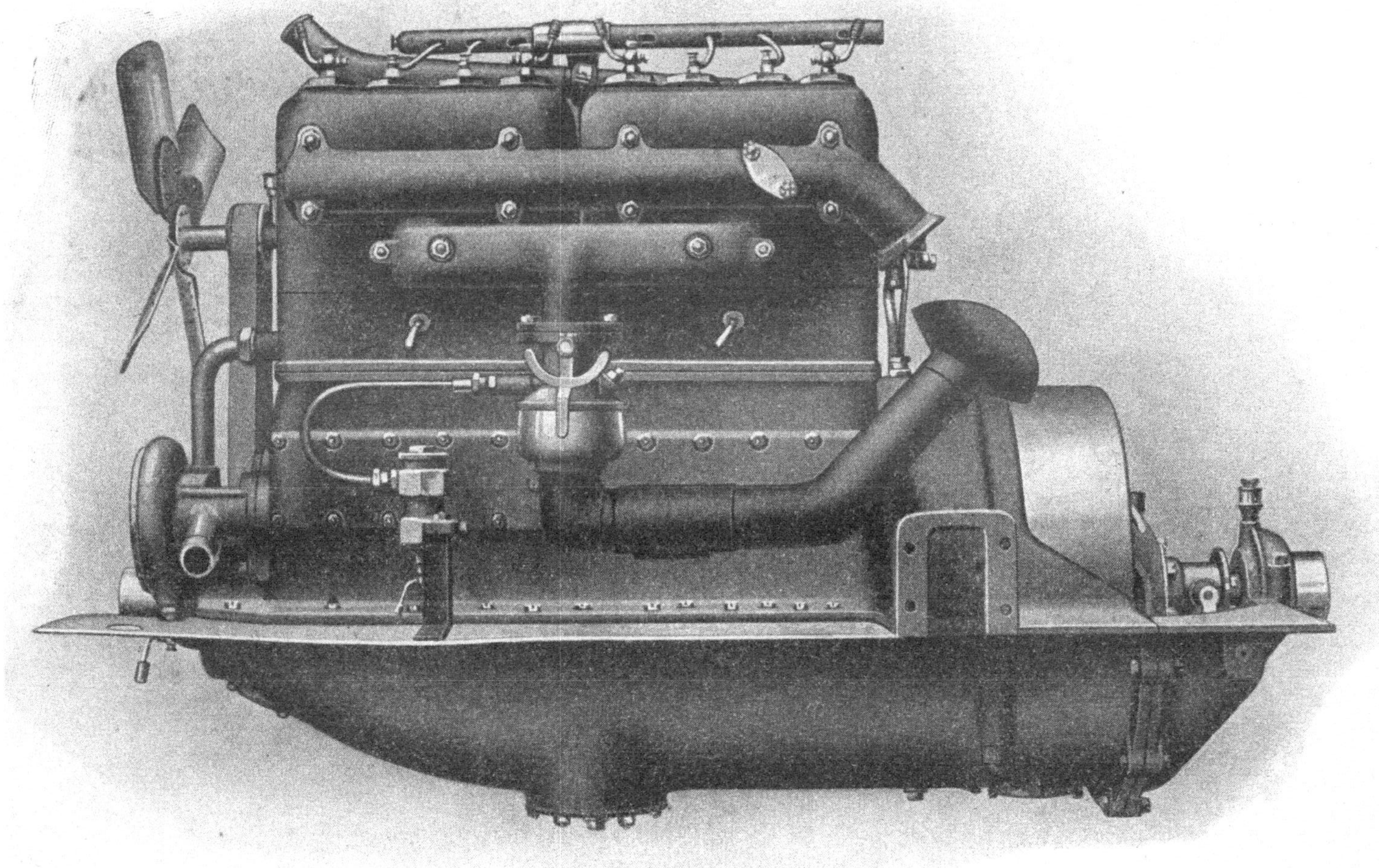

Abb. 5.

Abb. 6.

3051
3059
3052
3084
3056
3050
3046
3086
3047
3048
3045
3073
3038
3065
3093
3092
3237
3063
3091
3090
3235
Rollenkontakt
Oelkanal
3240
3001
3022
3021
3002
3028

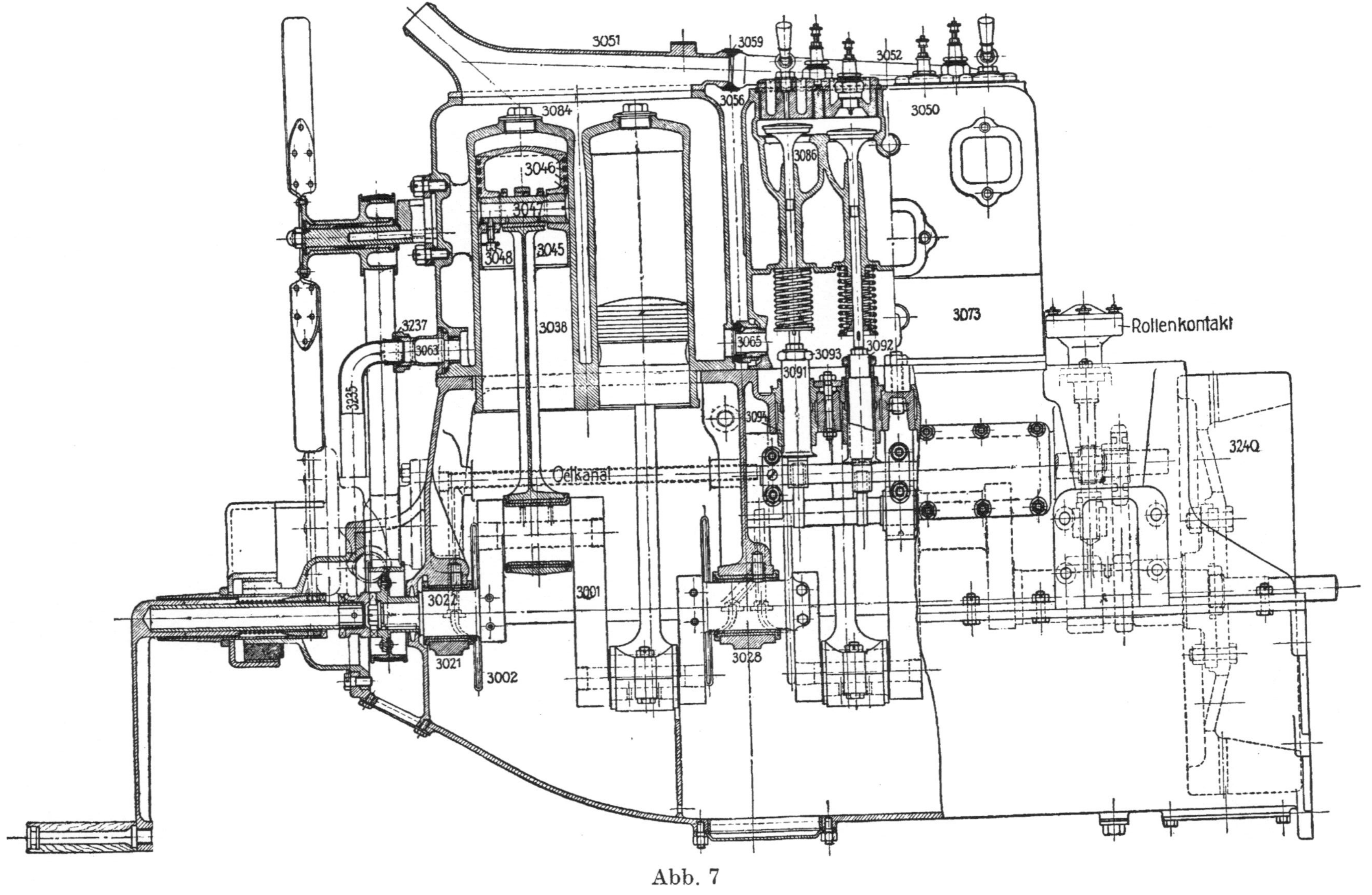

Abb. 7

Ueberdruckventil für Benzin
Vergaser
Rollenkontakt
Magnet
Oeleinfüllöffnung
Wasserpumpe
Wasserablasshahn 3233
Oelkontrollhahn
Oelpumpe

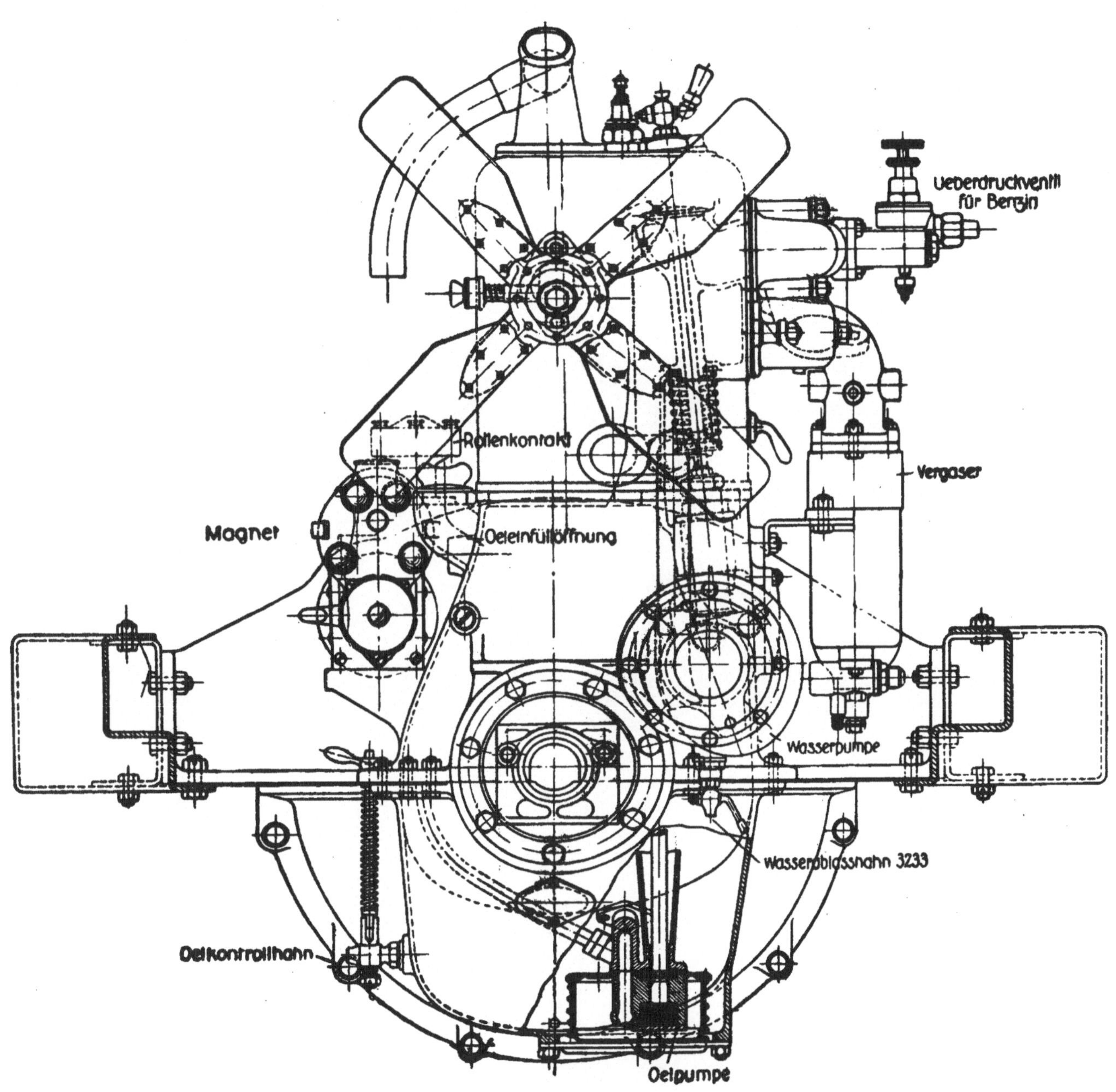

Abb. 8.

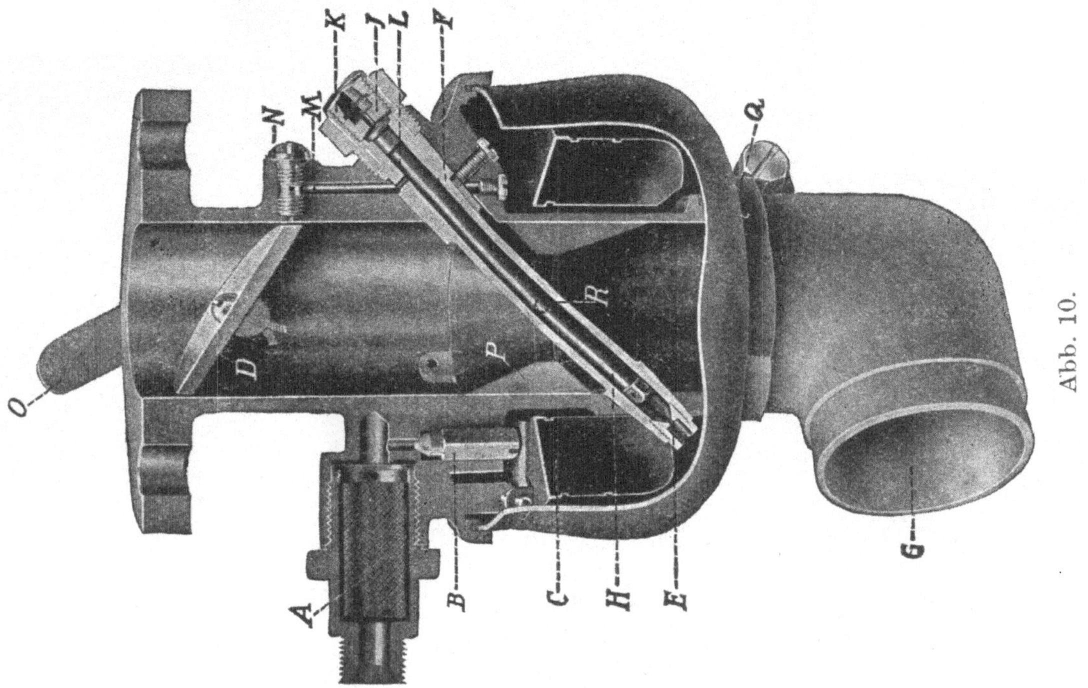

Abb. 10.

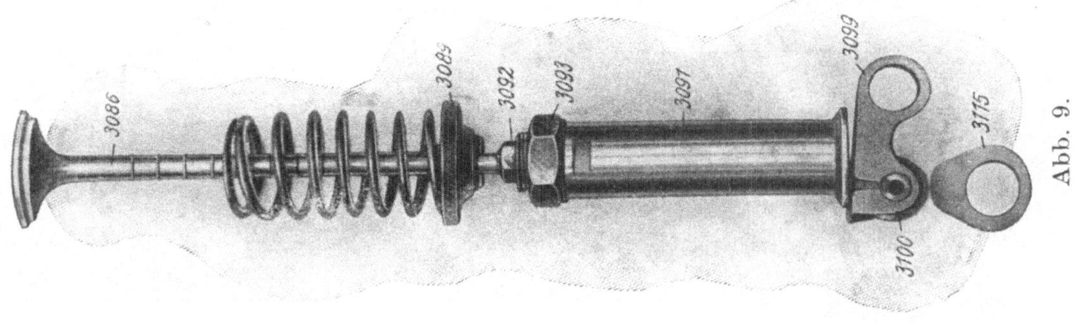

Abb. 9.

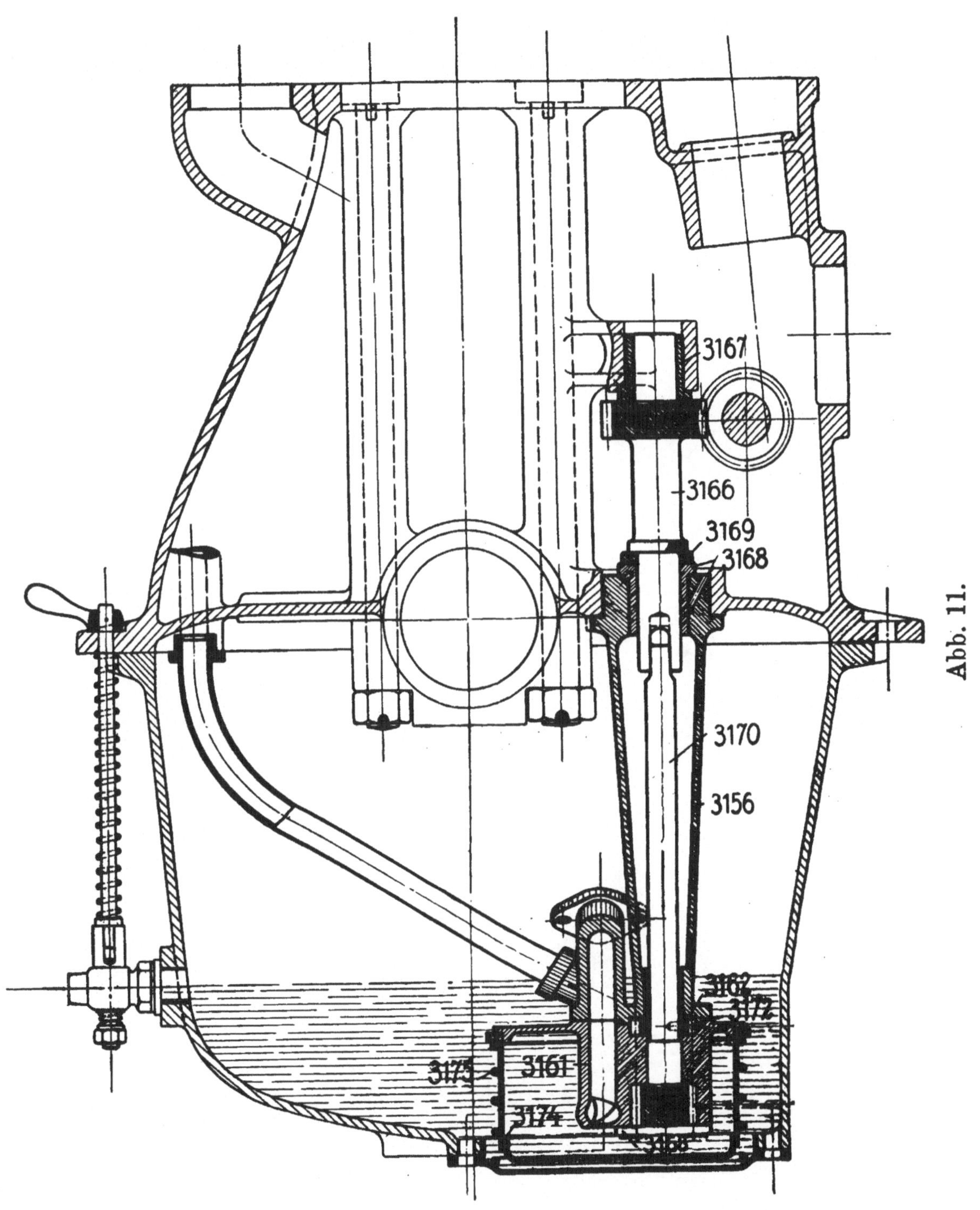

Abb. 11.

3853
3856
3852
3850
3854
D
3855
3857
A
O
3858
3851
3860
3859
3861
Pumpe
Cardan
Motor
3863
3862
3851
O
3864
M
3867
3865
3870
3871
3872
3869
3868
3866

Abb. 12.

3215
3218
3223
3228
3121
3124
3227
3226
3225
3222
3219
3123
3215
3217
3221

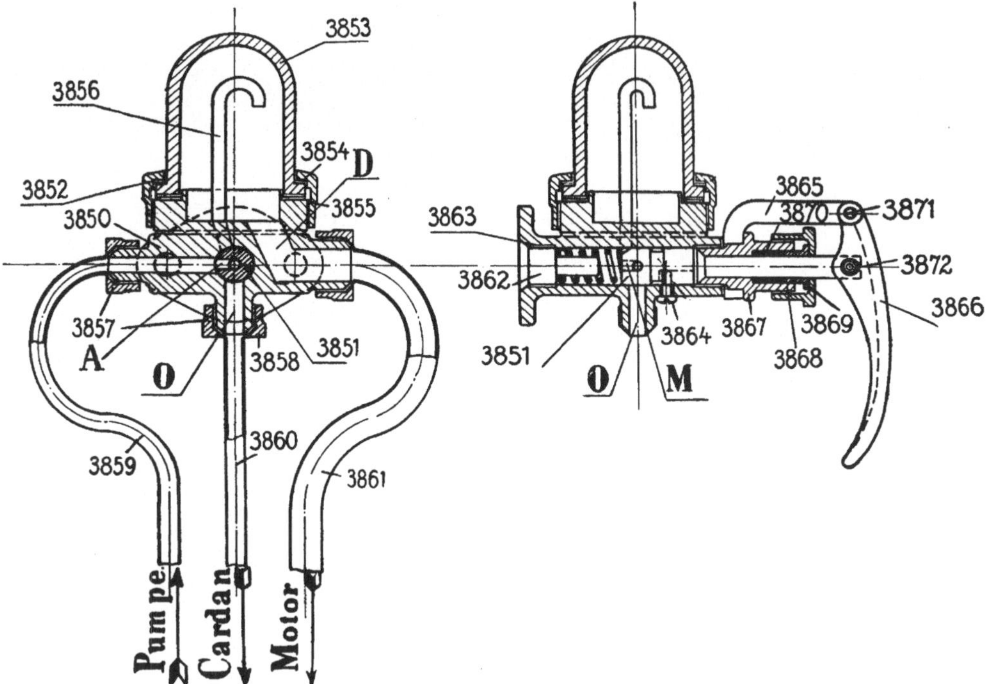

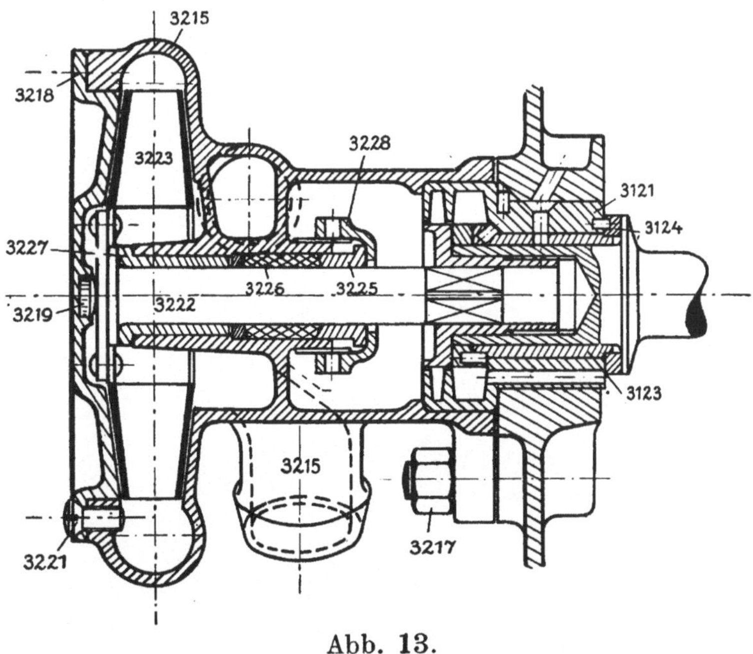

Abb. 13.

3951
3950
3952
3953

Abb. 14.

3956
3957
3958
3955
3962
3960
3959
3961
3964
3963

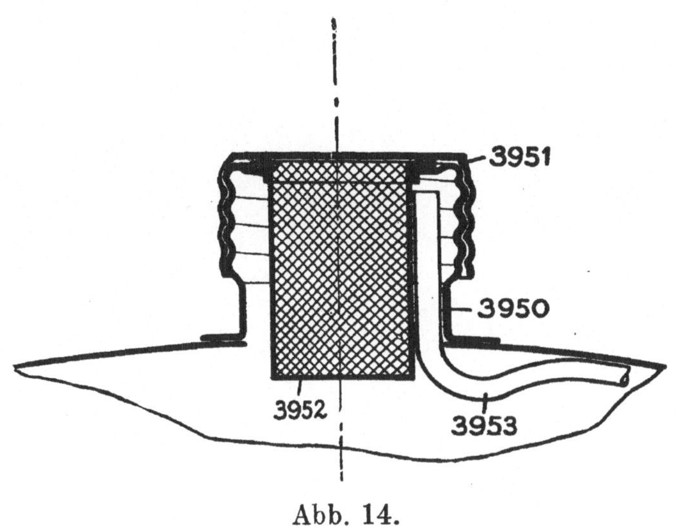

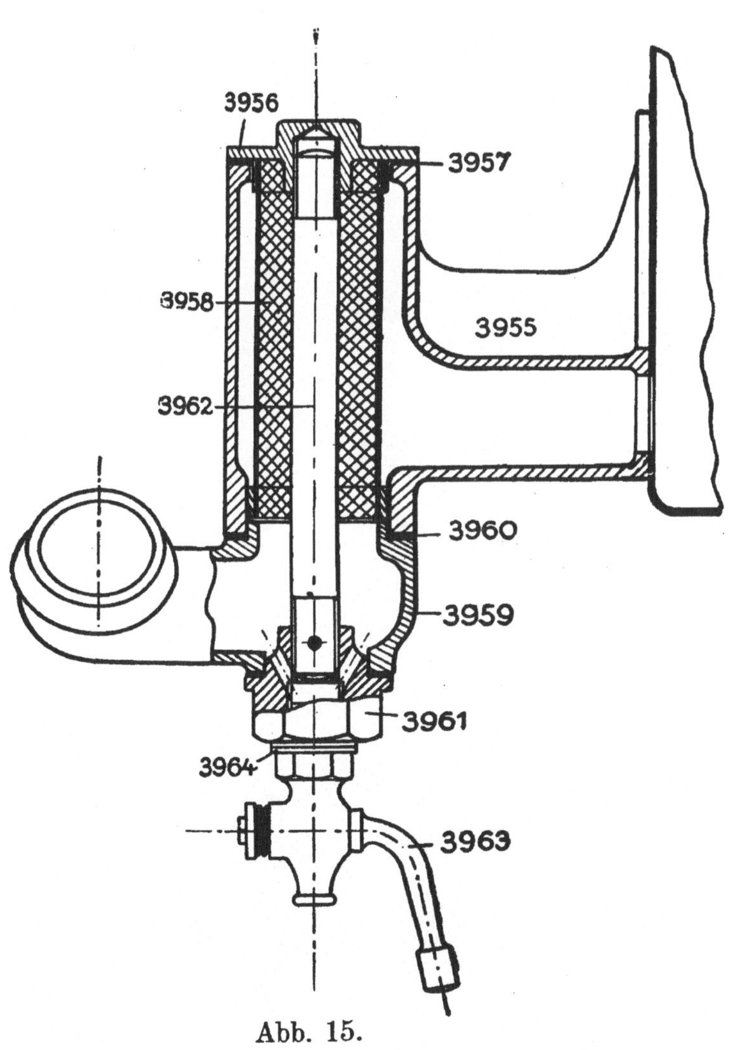

Abb. 15.

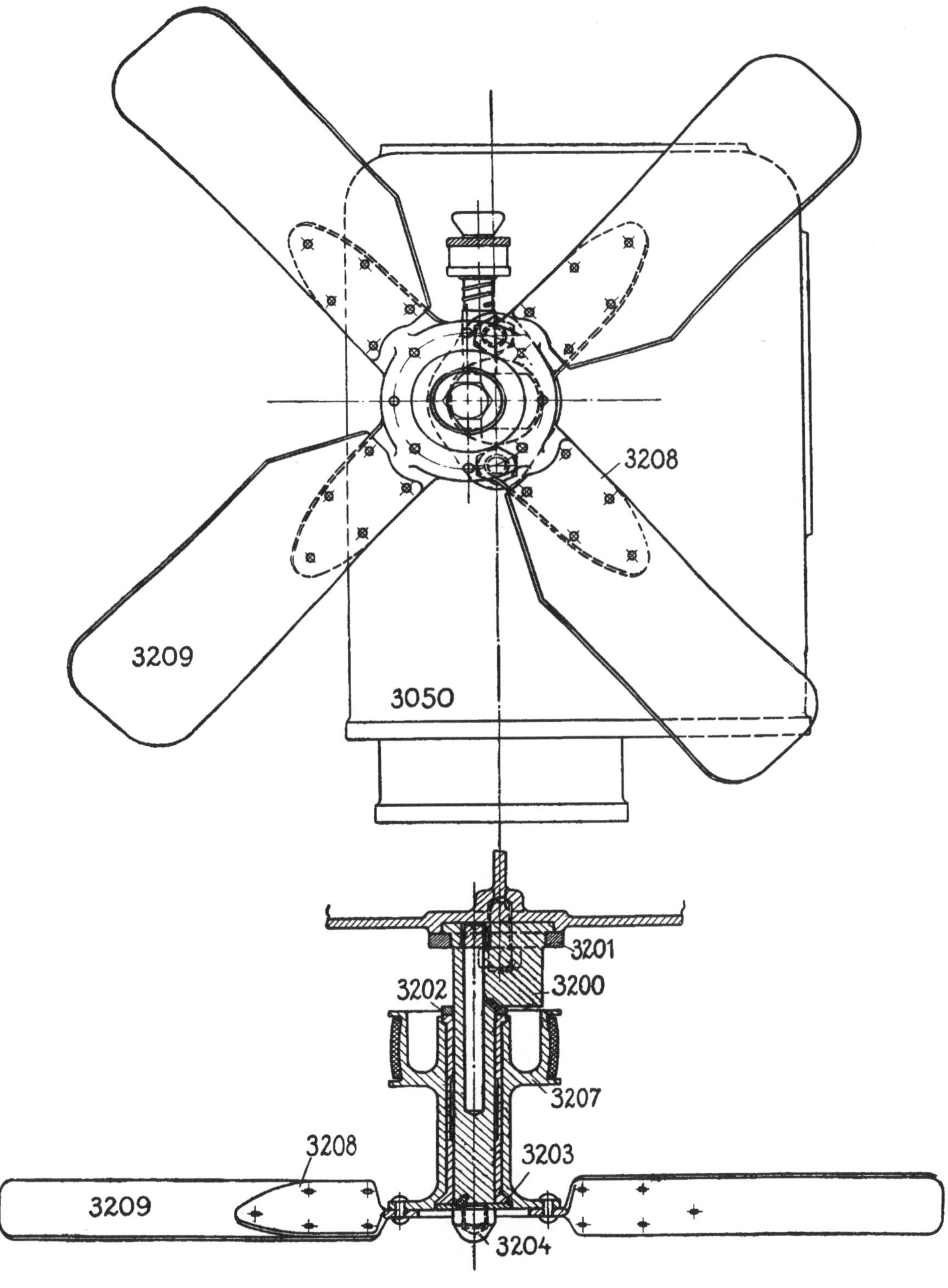

Abb. 16.

3881
3880
3882
3875
D
3884
3885
G
3886
3889
3894
3897
3899
3896
3890
3879
3883
A
3887
3873
3876
3878
3874
3895
3877
3888
3893
3891
3892

Abb. 17.

5599R
2124
6108P
5253Y
5253U/1
MITTE MOTOR
5935K
6117H
2171
5305M
RAHMEN 1931

Abb. 18.

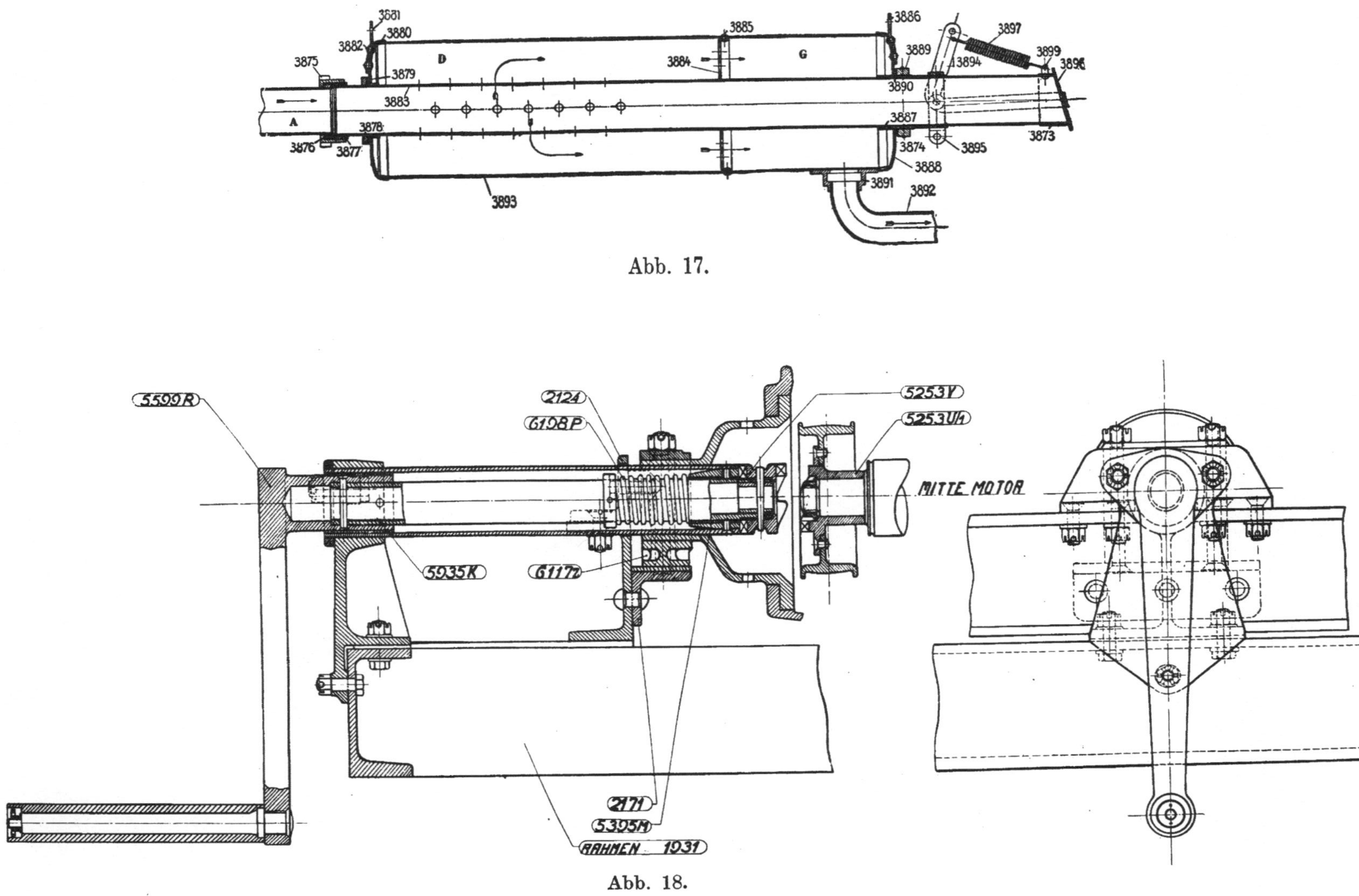

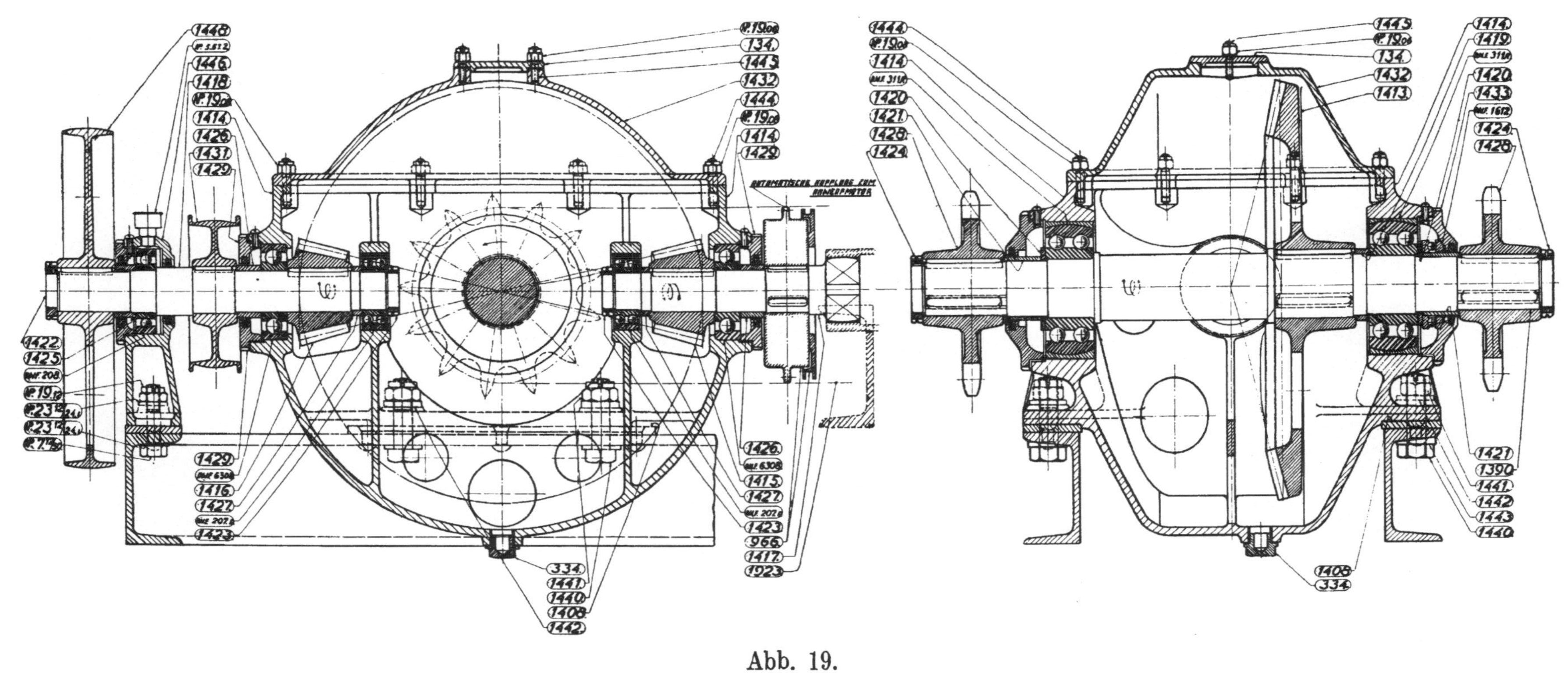

Abb. 19.

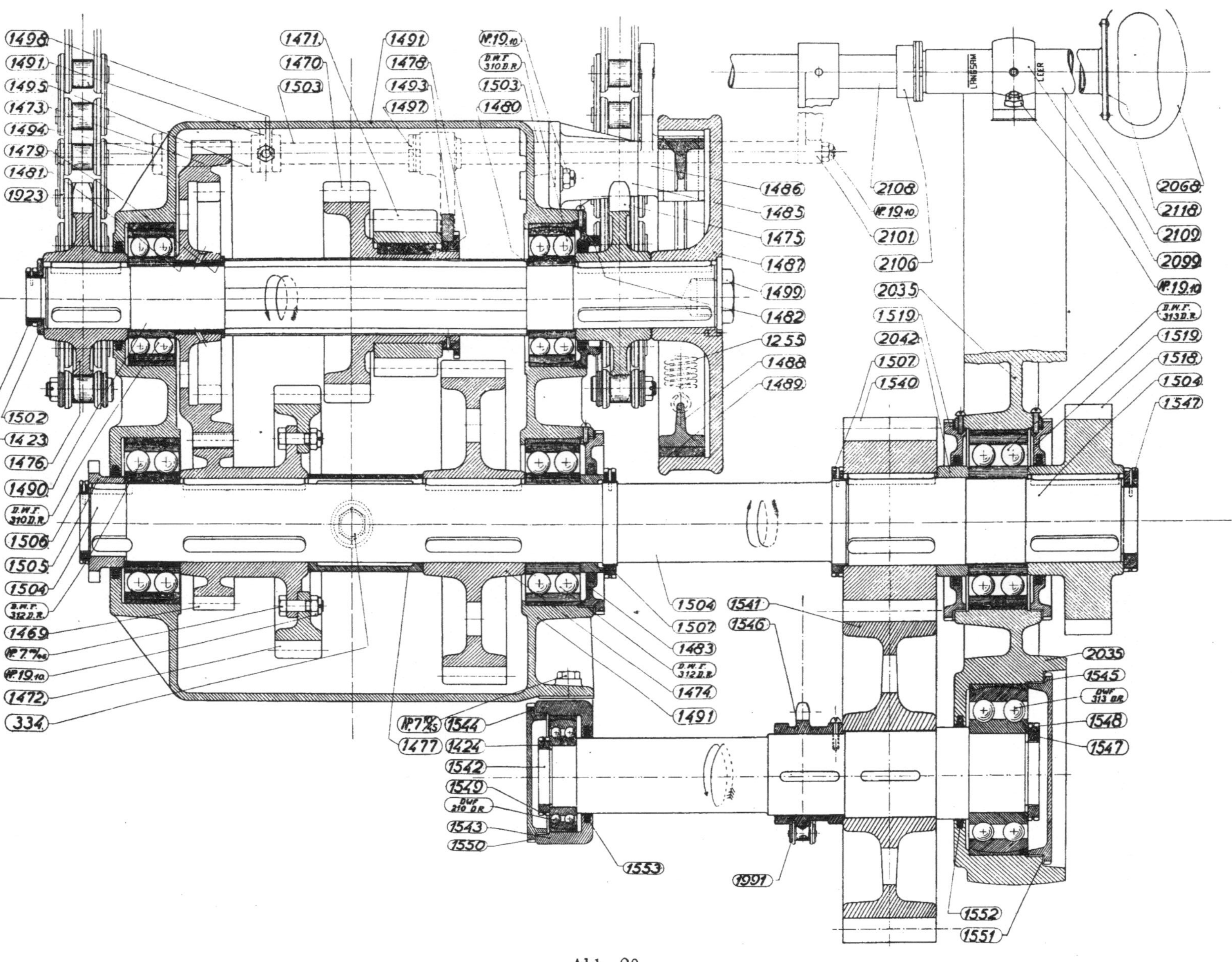

Abb. 20.

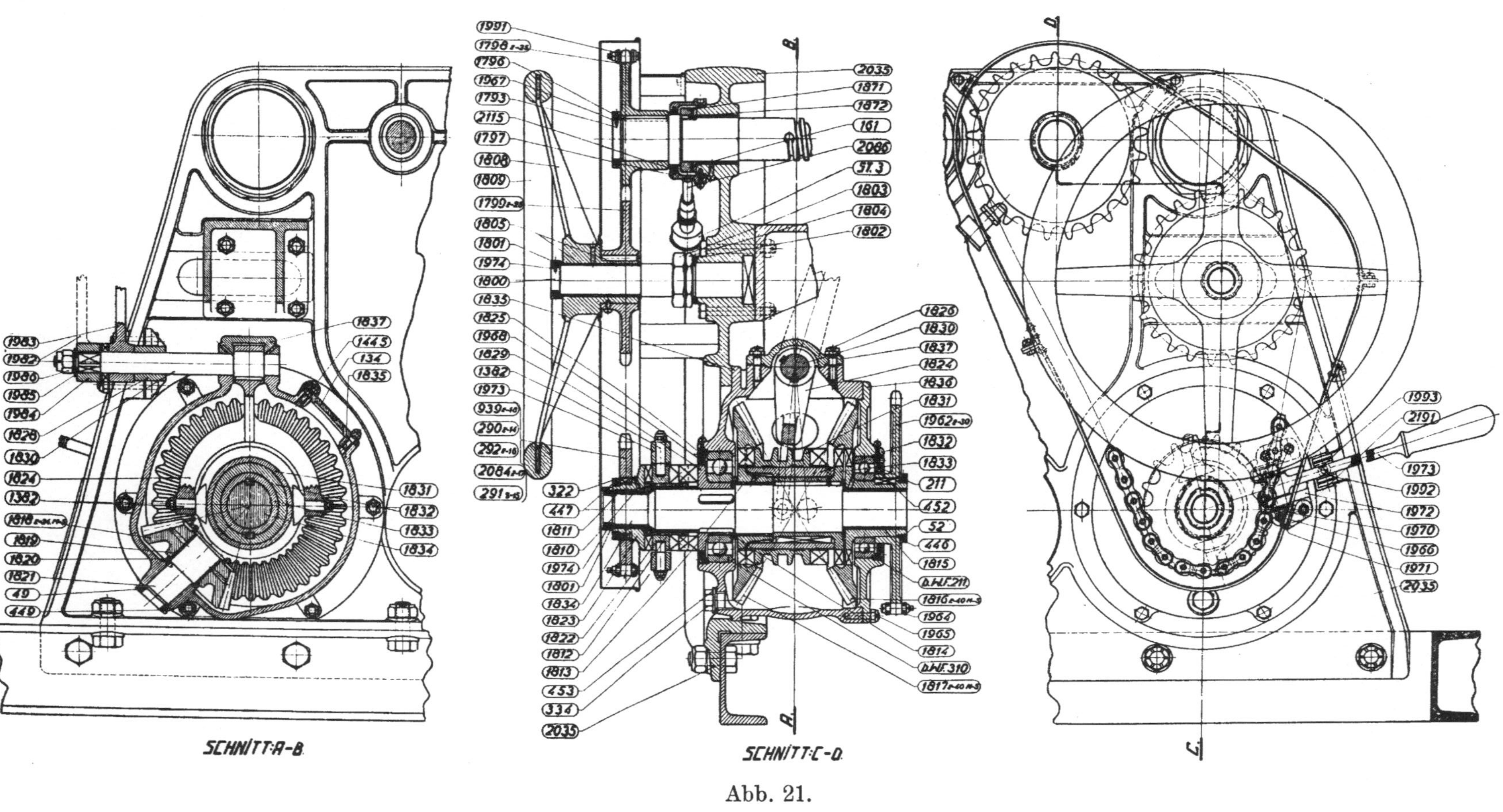

Abb. 21.

KABELFÜHRUNG
ABNEHMBARER HEBEL ZUM HANDBETRIEB
HINTERER BOCK.
HINTERER BOCK.
VORDERER BOCK.
SCHNITT C-D.
SCHNITT A-B.
SCHNITT G-H.
D.W.F. 207
D.W.F. 204

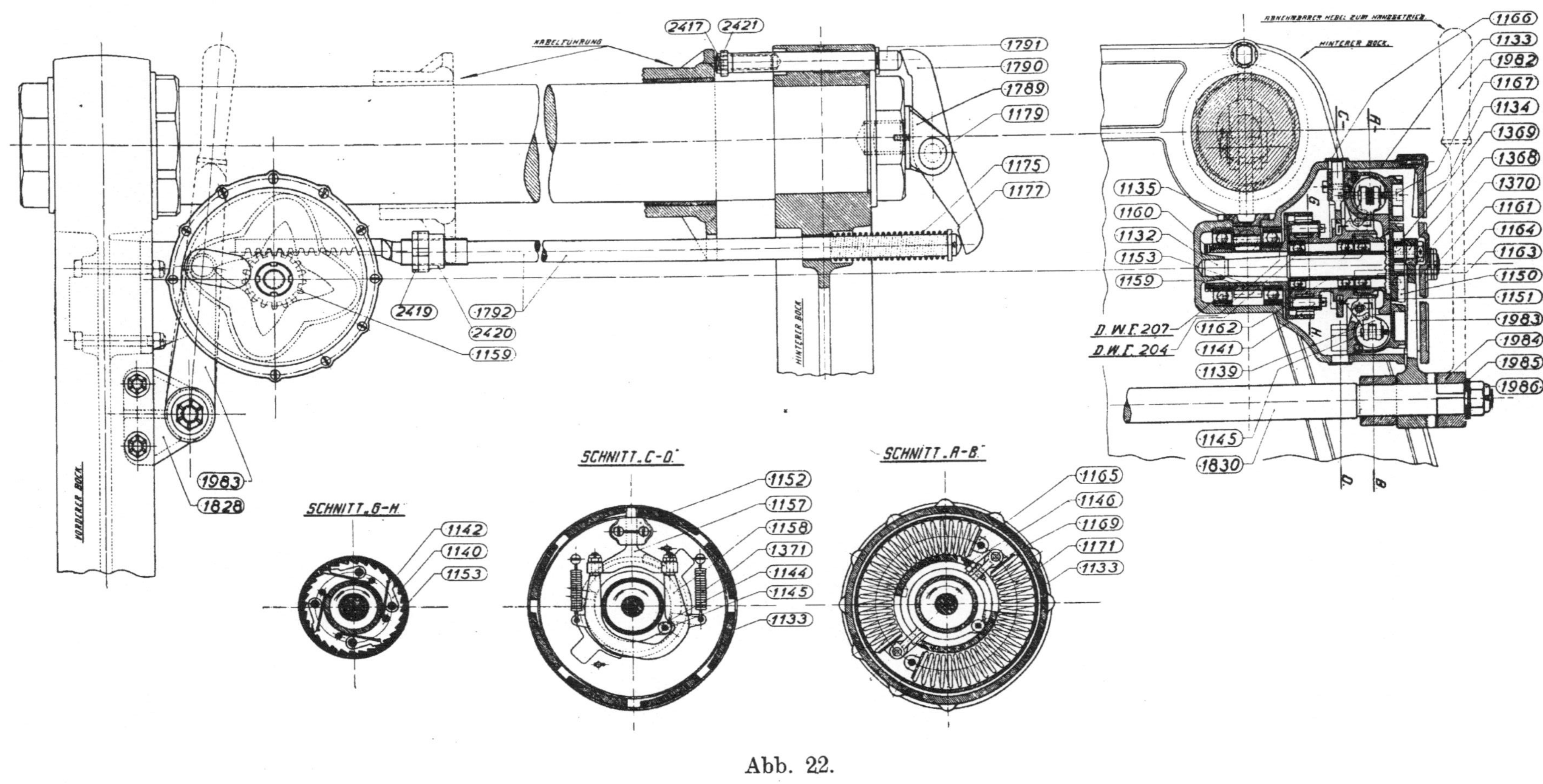

Abb. 22.

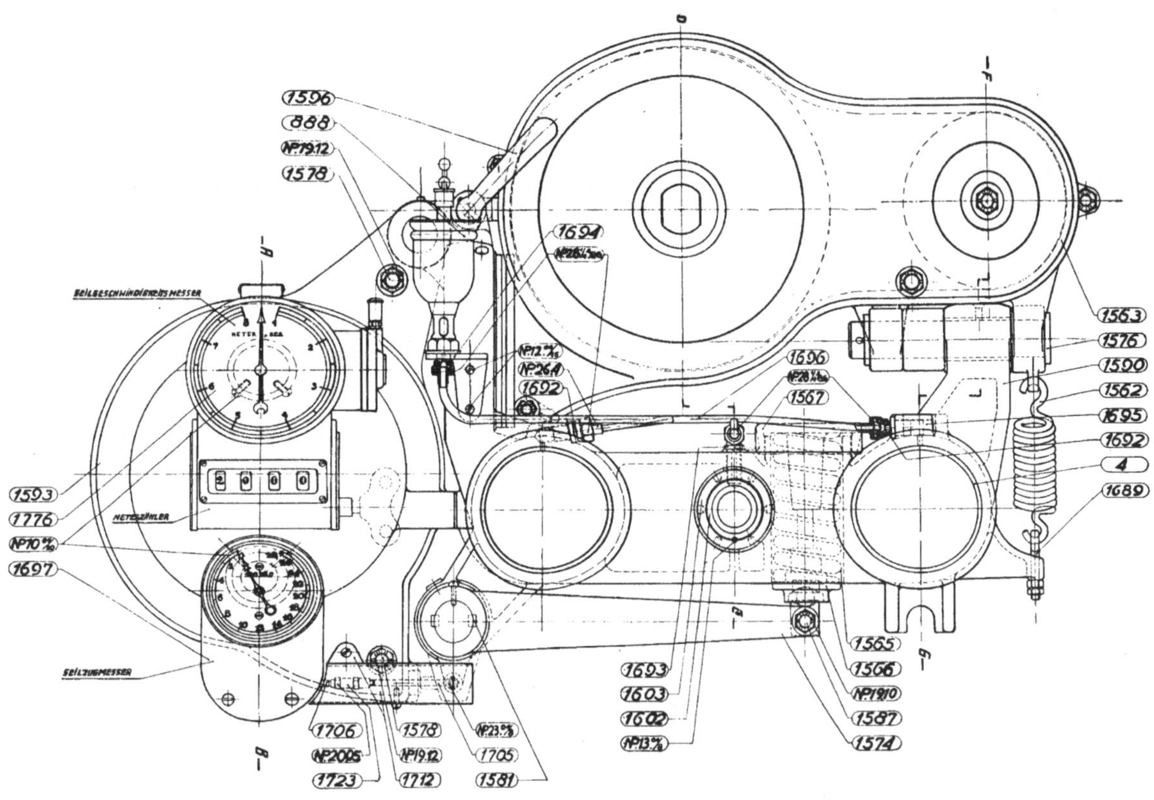

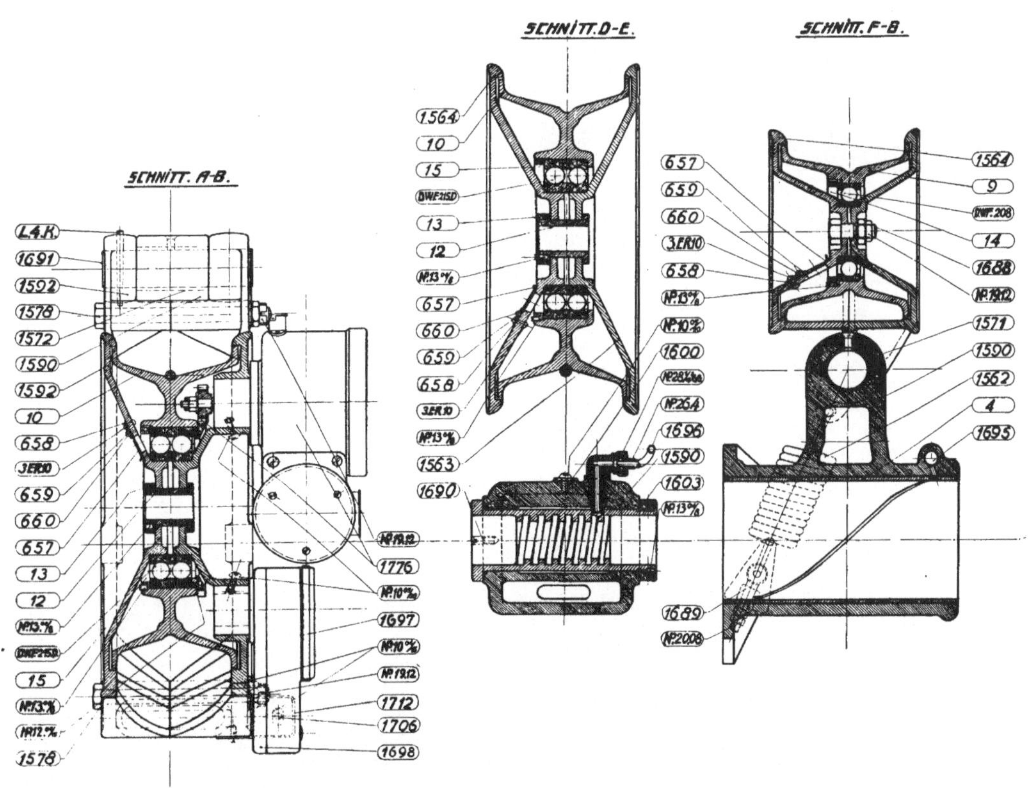

Abb. 23.